冬小麦叶面积指数与叶绿素含量高光谱遥感反演

蔡庆空 著

DONGXIAOMAI YEMIANJI ZHISHU YU
YELÜSU HANLIANG GAOGUANGPU
YAOGAN FANYAN

中国水利水电出版社
www.waterpub.com.cn
·北京·

内 容 提 要

本书针对冬小麦叶面积指数与叶绿素含量高光谱遥感反演开展了系统研究。全书共分7章，主要介绍了植被生理生化参数反演的研究进展及存在的不足；野外实验方案设计、地面实验数据与遥感影像数据的获取及预处理；冬小麦叶面积指数与叶绿素含量模型构建采用的研究方法；冬小麦叶面积指数与叶绿素含量光谱特征提取；冬小麦叶面积指数与叶绿素含量的高光谱定量反演、模型精度评定及遥感填图。

本书可供测绘工程、遥感科学与技术等专业领域的科技人员、管理人员使用，同时也可供高等院校相关专业的师生阅读参考。

图书在版编目（C I P）数据

冬小麦叶面积指数与叶绿素含量高光谱遥感反演 / 蔡庆空著. -- 北京：中国水利水电出版社，2019.11
ISBN 978-7-5170-8173-9

Ⅰ．①冬… Ⅱ．①蔡… Ⅲ．①遥感技术－应用－冬小麦－叶面积指数－研究②遥感技术－应用－冬小麦－叶绿素－含量－研究 Ⅳ．①S512.1

中国版本图书馆CIP数据核字(2019)第254324号

书 名	冬小麦叶面积指数与叶绿素含量高光谱遥感反演 DONGXIAOMAI YEMIANJI ZHISHU YU YELÜSU HANLIANG GAOGUANGPU YAOGAN FANYAN
作 者	蔡庆空 著
出版发行	中国水利水电出版社 （北京市海淀区玉渊潭南路 1 号 D 座　100038） 网址：www.waterpub.com.cn E - mail：sales@waterpub.com.cn 电话：(010) 68367658（营销中心）
经 售	北京科水图书销售中心（零售） 电话：(010) 88383994、63202643、68545874 全国各地新华书店和相关出版物销售网点
排 版	中国水利水电出版社微机排版中心
印 刷	天津嘉恒印务有限公司
规 格	184mm×260mm　16 开本　10.25 印张　212 千字
版 次	2019 年 11 月第 1 版　2019 年 11 月第 1 次印刷
定 价	**88.00 元**

前 言
FOREWORD

　　实现对小麦精准有效地监测管理，需要及时准确地监测其长势、营养状况、肥水和病虫害等信息，冬小麦叶面积指数和叶绿素含量作为其生长过程中的生理生化参数，其准确快速获取不仅有助于对病虫害信息进行精准诊断和管理调控，而且对冬小麦长势监测、产量评估以及推进农业信息化、数字化和精准化建设都具有重要意义。

　　现有的冬小麦生理生化参数反演方法，一方面受生育期、环境条件和地域条件等因素的影响；另一方面由于采用的波段信息少，容易受外界因素的干扰，致使模型精度和普适性较低。因此，亟须构建高精度的冬小麦叶面积指数和叶绿素含量反演方法，增强模型在冠层和遥感影像上的适应性。近年来，连续小波变换方法和最小二乘支持向量机方法以其强大的优势得到了广泛的应用，但目前将这两种方法的优势相结合并将其应用于提高我国西北旱区冬小麦叶面积指数和叶绿素含量反演精度方面的研究还相对较少。本书以冬小麦叶面积指数和叶绿素含量的精准获取为出发点，通过在杨凌区开展野外联合实验，基于星-地同步数据，围绕构建冬小麦叶面积指数和叶绿素含量定量反演模型以及模型本地化为主要目标，提高冬小麦叶面积指数和叶绿素含量从地面监测到大范围遥感影像的反演精度，为大范围农业生产、区域指导以及国家精准农业建设提供决策依据，具有很好的理论和实践意义。

　　本书阐述了冬小麦叶面积指数和叶绿素含量对冬小麦长势监测、产量评估以及精准农业建设的重要意义，分析了CHRIS（Compact High Resolution Imaging Spectrometer）高光谱图像数据的优势，总结了国内外植被生理生化参数反演主要采用的数据源以及反演方法的研究进展及当前研究中存在的不足，在此基础上介绍了本书所做的工作、技术路线和总体结构；在介绍研究区以及3个核心实验基地概况的基础上，详细论述了野外实验方案设计，并展示了各个实验区样点的分布，阐述了地面实验数据的测定方法、CHRIS高光谱图像数据的特点以及其成像模式，并对模型校正集样本和检验集样本进行了分配。全书系统阐述了冬小麦叶面积指数和叶绿素含量反演模型构建过程中采用的连续小波变换方法、最小二乘支持向量机方法、植被指数法、主成分分析法、逐步线性回归法以及偏最小二乘回归方法的原理和优势。在缺少 CHRIS 高光谱图像精确光谱响应函数的情况下，采用高斯函数模拟得到了 CHRIS 高光谱图像的光谱响应函数，利用对地面光谱数据进行重采样。在分析噪声来源和去噪方法的基础上，采用 HDFclean 对 CHRIS 高光谱图像进行了去条带处理，经比较噪声去除前后的效果，表明 HDT－dean 对噪声去除效果较好。采用经验线性校正法实现了 CHRIS 高光谱图像的经验线性校正处理，通过与地面实测的高光谱数据进行比较，表明经验线性校正光谱与实测光谱曲线的形状和特征基本一致，并且各波段处的绝对误差均小于 5％。研究过程中，在对冠层光谱重采样的基础上，分析了冠层光谱、植被指数与冬小麦叶面积指数和冠层叶绿素含量之间的相关性，筛选了冠层和影像尺度上对冬小麦叶面积指数和冠层叶绿素含量较为敏感的植被指数。通过对地面光谱数据进行主成分分析，结果表明前两个主成分可以解释原始光谱波段 98.275％ 的有用信息。因此，可利用这两个主成分代替原始的光谱信息进行相应的分析。光谱数据经连续小波变换处理后，将分解得到的小波能量系数分别与冬小麦叶面积指数和冠层叶绿素含量进行相关性分析，得到小波能量系数与冬小麦叶面积指数和冠层叶绿素含量之间的相关系数图，通过对相关系数图进行分析，最终提取了 11 个对冬小麦叶面积指数较为敏感的小波特征，分别为（b12，scale1）（b12，scale2）（b11，scale4）（b1，scale2）（b1，scale3）（b10，scale5）（b9，scale6）（b8，scale7）（b7，scale8）（b6，scale9）（b3，scale12），9 个对冬小麦冠层叶绿素含量敏感性较高的小波特征，分别为（b12，scale1）（b16，scale1）（b11，scale4）（b9，scale6）（b8，scale7）（b7，scale8）（b1，scale2）（b1，scale3）（b10，scale5）。在提取出 11 个对叶面积指数敏感小波特征的基础上，利用逐步线性回归方法对小波特征进行筛选，并将筛选的小波特征引入到最小二乘支持向量机方法中，构建了连续小波变换与最小二乘支持向量机方法相结合的冬小麦叶面积指数 WF－LS－SVM 模型，通过在冠层上与基于植被指数、主成分以及光谱波段建立的冬小麦叶面积指数模型进行优化选择，并将优化选择的模型在遥感影像上进行精度评定，结果表明 WF－LS－SVM 模型在影像尺度上的预测精度最高，其 $R^2 = 0.55$，$RMSE = 0.67$，WF－SLR 模型的预测精度次之（$R^2 = 0.45$，$RMSE = 0.78$），其次为 R－LS－SVM 模型、PC－LS－SVM 模型以及 MSR－LAI 模型，R－PLSR 模型在影像尺度的预测精度最低（$R^2 = 0.22$，$RMSE = 1.22$）。与植被指数模型相比，WF－LS－SVM 模型的精度较高且对生育期有更好的适应性，较好地解决了植被指数模型利用的波段信息少，受植被类型和地域条件等因素的影响而导致模型精度和普适性低的问题，并且模型在冠层和影像尺度具有一定的适应性，结合同步获取的CHRIS高光谱图像实现了杨凌区冬小麦叶面积指数的遥感填图；连续小波变换方法能够有效的提取出对植被理化参数较为敏感的小波特征信息，最小二乘支持向量机方法在模型回归方面具有强大的优势，结合两者的优势，建立了基于多元小波特征的冬小麦冠层叶绿素含量反演模型，通过在冠层上对冬小麦冠层叶绿素含量模型进行优化选择，然后将其在遥感影像上进行精度评定，结果表明基于多元小波特征与最小二乘支持向量机方法相结合建立的WF-LS-SVM模型在影像尺度的估测精度最高（$R^2 = 0.58$，$RMSE = 0.40$），这一结果表明连续小波变换方法能够有效的提取出对冬小麦冠层叶绿素含量较为敏感且稳健的小波特征，与原始光谱相比，小波特征增强了与冬小麦冠层叶绿素含量之间的相关性。因此，将多元小波特征与最小二乘支持向量机方法相结合建立的模型精度最高，并且模型对拔节期和灌浆期冬小麦叶绿素含量有一定的适应性，最后将WF-LS-SVM模型推广应用至杨凌区，实现了杨凌及周边地区冬小麦冠层叶绿素含量遥感监测。

本书撰写过程中得到了中国矿业大学崔希民教授、蒋金豹副教授的指导；北京师范大学的李京教授和陈云浩教授，为本书的研究提供了项目支撑、经费支持和多次野外实验和学术交流的机会；本书研究开展的野外实验得到了杨凌示范区科技信息中心、北京农业信息中心、北京师范大学、北京大学、中国农业科学院农业资源与农业区划研究所、西北农林科技大学、中国农业大学和浙江大学等单位的大力支持，在此表示衷心感谢！

限于作者水平，书中难免存在错误和不足之处，敬请读者批评指正。

作者

2019 年 11 月

目 录

C O N T E N T S

第 1 章

绪　　论

1.1 研究目的及意义

我国作为农业大国,是世界上种植小麦面积最大、产量最多的国家之一。小麦作为我国的三大主要粮食作物之一,种植面积最高达到 3000 万 hm^2,占世界总种植面积的 13.3%,是我国重要的商品粮和战略性主要粮食储备品种之一。因此,保障国家粮食安全、生态安全是当前我国的重大战略任务。2014 年,习近平总书记在关于发展现代农业的重要讲话中要求在现代农业建设上寻求新突破。精准农业作为现代农业的战略性发展方向,是基于信息和知识、运用智能装备技术对农田进行因地制宜的单元化精细管理的现代农业技术。精准农业建设可以使肥料、水资源得到科学配置和合理使用,提高其利用效率,减少农业生产对地下水、耕地以及农田环境的影响,实现农业高产、优质、高效和可持续发展。对农业进行精准、有效的监测管理,需要及时准确的监测农作物的长势、营养状况、肥水和病虫害信息等,并基于这些信息对农作物进行区域精准指导,实现农业的精准监测、施肥和灌溉管理。

在农作物复杂的生长过程中,农作物生理生化参数与其生长过程密切相关,并且能够直接或间接地反映农作物长势、产量、养分亏缺以及农作物病虫害等信息。因此,准确、及时和快速地大范围获取农作物生理生化参数是进行科学农业生产的基础。农作物生理生化参数包括生理参数和生化参数。其中,生理参数主要包括叶面积指数(Leaf Area Index,LAI)、生物量、光合有效辐射吸收比率、郁闭度、净初级生产力等;生化参数主要包括叶绿素、叶黄素、类胡萝卜素、叶片含水量、N、P、K、木质素以及纤维素等。农作物生理生化参数直接或间接地参与地球化学循环、光合作用、蒸腾作用等过程,在指导农业生产、农作物长势监测、养分亏缺以及生态系统的物质、能量循环等方面发挥着重要作用。LAI 作为表征植被冠层结构的基本参量,是各种生态模型、生产力模型以及碳循环研究中重要的生理参数之一,对植物的生长过程、呼吸作用以及对太阳光的截获能力等过程有重要的影响。作为植物生长过程中的一个重要的生化参数,叶绿素是植物光合作用过程中的基本色素,是植物群体与外界环境进行物质和能量交换的基础,直接决定着植物的光合作用潜力和干物质生产能力,其含量的多少直接影响植物光合能力的强弱,对植物发育阶段以及营养状况有重要的指示作用。对于冬小麦而言,叶片叶绿素含量表征单株小麦的长势及营养状况,而冠层叶绿素含量(Canopy Chlorophyll Content,CCC)为单位地表面积上含有的总叶绿素含量,其可以有效地反映小麦群体结构特征,并且与遥感影像获取的面状信息恰好相对应。冬小麦的 LAI 和 CCC 作为冬小麦生长过程中的两个关键生理生化参数,对其进行准确、快速获取不仅有助于对冬小麦病虫害信息进行精准诊断和管理调控，而且对监测冬小麦长势以及产量评估都具有十分重要的意义。因此，本书选取 LAI（生理参数）和 CCC（生化参数）这两个参数进行分析研究。

传统的 LAI 和 CCC 的获取方法是在野外实验中采样，然后在实验室条件下进行获取。这种方法一是费时、费力且成本较高，具有一定的滞后性和破坏性；二是只能做到"点"尺度上的取样和分析，结果缺乏稳定性和可靠性，难以在宏观范围内推广；三是由于冬小麦种植区域分布面积广，覆盖范围大，传统的监测方法难以全面、快速有效地监测冬小麦长势和营养状况信息，在很大程度上限制了农业决策的准确性和时效性。遥感技术作为一种新型的探测手段，能够在宏观范围内快速获取不同时间的地物光谱信息。伴随着高光谱遥感技术尤其是高光谱图像技术的出现以及不断成熟，与多光谱遥感相比，高光谱图像技术波段众多、光谱分辨率高，并且在每个像元处均可以获取一条地物连续的光谱曲线，较好地克服了多光谱遥感受波段宽度、波段数以及波长位置的限制，这些优势使得高光谱图像技术在农作物生理生化参数定量反演中得到了广泛应用。国内外众多专家学者在农作物生理生化参数反演方面已进行了一系列相关研究，并取得了可喜的成果。农作物生理生化参数的反演方法中，植被指数方法原理简单、计算方便，目前应用较为广泛。但由于受农作物生育期和外界环境条件等因素的影响，导致不同地域以及不同时间的冠层光谱特征不尽相同，最终导致不同生育期建立的最佳植被指数模型也不固定。此外，由于植被指数构建时大多采用 2～4 个有效波段信息，其含有的信息量相对较少，致使其容易遭受外界环境因素变化的影响，进而导致其构建的植被指数模型精度以及稳健性在一定程度上有所降低。多波段数据不仅能够充分反映地物的综合信息，而且能够在一定程度上增强模型对未知样本的预测精度和稳健性。高光谱图像数据光谱分辨率高、波段多，但由于其相邻波段相关性较高，导致数据中有大量的数据冗余。主成分分析（Principle Component Analysis，PCA）方法可以从多个变量中提取有效的信息，降低数据维数，目前已广泛应用于高光谱图像处理、水果质量检测以及农业病虫害监测等方面的研究。为了监测大区域范围的冬小麦长势和营养状况，需要借助于大范围的遥感影像数据。在当前的一些研究中，大区域范围的冬小麦生理生化参数的获取方法是基于地面实验数据建立相应的模型，然后将模型应用于遥感影像上进而实现大区域范围冬小麦长势和营养状况的监测，但由于地面实验数据大多是在冠层上进行采集，冠层光谱在采集过程中除了受植物内部生化组分含量的影响外，而且还会受到冠层自身的结构、观测几何条件以及外界环境条件等因素的综合影响，同时遥感影像是以像元为基本单位来获取地物目标的综合信息，在像元尺度上，受传感器空间分辨率的局限，使得遥感影像上有混合像元的存在。李小文等研究表明某一尺度上总结出来的规律在应用到另一尺度时，该规律可能有效，可能相似，但也可能需要进行修正。如果将冠层建立的生理生化参数模型直接应用于遥感影像时，则可能导致大范围的农作物生理生化参数估测出现偏差，因此需要构建高精度的冬小麦生理生化参数模型，提高从地面监测到大区域范围的冬小麦生理生化参数反演精度。

近年来，连续小波变换（Continuous Wavelet Transformation，CWT）作为一种强大的光谱分析技术，其可以对高光谱数据在多个尺度上进行分解，而且分解得到的多尺度小波特征（Wavelet Feature，WF）能够有效地捕捉到一些对植被生理生化参数较为敏感的特征信息，目前已广泛应用于农业病虫害定量分析、不同种类的叶片含水量估测、潮土有机质含量的高光谱反演以及监测昼夜和季节冠层水分含量的变化等方面的研究中。尽管 CWT 方法在植被水分含量反演方面取得了较好的结果，但很少有将该方法应用于我国西北旱区农田冬小麦 LAI 和 CCC 参量的精准获取方面，与此同时，一些新型的人工智能算法以其较好的学习能力以及模型估测能力在光谱定量分析和回归领域中得到了广泛的应用，如最小二乘支持向量机（Least Squares Support Vector Machine，LS-SVM）方法作为一种新型机器学习方法，在解决小样本、非线性和其他一些传统困难等方面具有强大的优势，除了应用在分类方面，目前在奶粉蛋白质含量反演、氮含量估测以及奶茶种类的快速识别以及不同矿物类型识别中应用较为广泛。光谱数据经 CWT 处理后可以得到不同分解尺度的小波能量系数，当前关于该方法在植被水分和病虫害方面的研究大多是基于单一小波特征建立线性回归模型或者利用多元小波特征构建多元线性回归模型，而很少有将 CWT 在光谱特征提取方面的优势与 LS-SVM 在模型回归方面的优势相结合，并将其用于建立冬小麦 LAI 和 CCC 的反演模型。对大范围的冬小麦长势和营养状况进行监测需借助于遥感影像数据，当前多光谱影像数据来源较多并且其重访周期短，目前数据获取方面已不是问题，但是由于多光谱影像波段信息少，光谱分辨率低，导致基于地面光谱数据建立的部分模型无法直接应用于多光谱影像上。高光谱图像由于波段众多，光谱分辨率高，信息丰富等优势在农业定量遥感领域前景广阔，但由于受经费和数据来源限制，导致高光谱影像不易获取，而且基于地-空同步的实验数据要求地面实验时间和卫星过境时间保持一致，较高的要求也使得开展地面和高光谱图像同步的实验研究显得非常重要。CHRIS 传感器是搭载在 PROBA（Project for On Board Autonomy）卫星平台的一个星载高光谱成像仪，其平台高度为 556km，作为太阳同步观测卫星，其重访周期为 7d，CHRIS 影像具有成像模式多、光谱范围宽和分辨率高等优势，同时其可以在 2.5min 内获取同一地区 5 个不同角度的高光谱图像数据，是目前世界上少有的可以同时获得高光谱和多角度影像的传感器。但是采用星（CHRIS 高光谱图像）-地（地面实验）联合实验数据，将 CWT 方法与 LS-SVM 方法两者的优势相结合用于提高从地面监测到大区域范围的冬小麦 LAI 和 CCC 反演精度方面的研究还相对较少。

针对上述问题，本书通过在西北旱区典型实验区开展杨凌野外联合实验，以冬小麦 LAI 和 CCC 的精准获取为出发点，基于杨凌地面实验数据以及同步获取的 CHRIS 高光谱图像，围绕构建冬小麦 LAI 和 CCC 定量反演模型以及将模型本地化为主要目标，以其为大范围农业生产、区域经济指导以及国家精准农业建设等方面提供一定的决策依据，具有很好的理论和实践意义。

1.2　国内外研究进展

1.2.1　主要采用的数据源

目前，主要采用的数据源有高、中、低分辨率遥感影像；高光谱遥感数据；多角度遥感数据，分别介绍如下。

1. 高、中、低分辨率遥感影像

关于植被生理生化参数反演，目前主要采用的高、中、低分辨率的遥感影像数据有 Landsat TM/ETM＋、环境星、Quickbird、SPOT、WorldView、IKONOS、NO-AA/AVHRR 以及 MODIS 数据等。国内外学者应用上述遥感影像数据估测植被生理生化参数已有较多的研究。Houborg 等利用 SPOT 高分辨率影像数据建立了 LAI 和叶片叶绿素含量之间的反演模型，取得了较好的估测结果。Chen 等利用 Landsat TM 遥感影像反演的 LAI 数据对 AVHRR 和 VEGETATION 的 LAI 产品进行精度验证。Privette 等通过将实测 LAI 与 MODIS LAI 产品进行对比分析，结果表明 MODIS LAI 产品能更好地监测森林的物候变化特征。Dash 等研究表明 CCC 与绿光、红光和近红外波段的反射率信息有较高的相关性。Myneni 等对比分析一定范围的 MODIS LAI 产品、实测 LAI、Landsat ETM＋ 以及 IKONOS 影像反演的 LAI 精度，研究发现 MODIS LAI 产品的精度最高。国内方面，夏天等利用 HJ－1A/B 星影像以及野外实验采集的地面数据，建立了冬小麦叶片叶绿素含量反演模型，结合 HJ－1A/B 星影像较好地实现了从地面监测到大区域范围的冬小麦叶绿素含量反演研究。石月婵等基于多时相 Landsat5 TM 遥感影像数据，利用选取的 3 种植被指数（NDVI、EVI 和 TG-DVI）分别建立了基于单一时期和整个时期的森林 LAI 反演模型，结果表明：在整个时期内，利用归一化植被指数 NDVI 建立的森林 LAI 模型精度最高，并基于该模型生成多时相的北京山区森林 LAI 分布图。陈雪洋等基于 HJ－1A 星影像和同步采集的实验数据对山东禹城地区的冬小麦 LAI 进行了精确估测。何亚娟等针对不同生育期甘蔗 LAI 的时序变化规律，采用 SPOT 遥感影像数据建立了各生育期甘蔗 LAI 与产量的相关关系。高分辨率影像虽然空间分辨率较高，但由于其覆盖范围有限，影像获取周期相对较长，并且光谱范围宽，影像波段少，导致其在农作物生理生化参数反演方面受到一定的限制。

2. 高光谱遥感数据

多光谱遥感是以波长区域不连续的宽波段方式记录地物光谱，由于其光谱波段少，光谱分辨率低，使得其应用受到一定的限制。随着遥感技术的发展，特别是高光谱遥感技术的出现和兴起，为冬小麦 LAI 和 CCC 的反演注入了新的活力。植物的光谱特征与其自身所处的生长发育阶段、健康状况以及环境条件等过程有较为紧密的关系，在一定的辐射水平下，植物分子结构中的化学键发生振动引起光谱的发射和吸收产生差异，导致产生不同的光谱反射率。高光谱遥感（Hyperspeetral Remote Sensing）数据由于波段多（在 400～2500nm 范围内有几百个波段）、光谱分辨率高（波段宽度小于 10nm）、具有空间、辐射和光谱三重信息且图谱合一等一系列优势使得准确、快速无损估测植被生理生化参数成为可能，其较好地解决了多光谱遥感数据由于波段较宽而产生的一些问题，因此高光谱数据在植被生理生化参数反演方面应用较为广泛。

在高光谱遥感器研制方面，1983 年由美国宇航局（NASA）投资的世界上第一台成像光谱仪 AIS－1 在美国喷气推进实验室（JPL）研制成功，其光谱范围为 1200～2400nm，共有 128 个波段，开创了光谱和图像合一的遥感新时代。1987 年该实验室研制了第二代航空可见光/红外光成像光谱仪 AVIRIS，并获得了第一幅 AVIRIS 高光谱影像，其光谱范围为 400～2500nm。目前商业化运行的机载成像光谱仪主要有美国的 AVIRIS、Proba 和 HyperScan、芬兰的 AISA、澳大利亚的 HyMap、加拿大 ITRES 公司的 CASI、SASI 和 TASI 系列等；主要的星载高光谱传感器有高光谱传感器有美国的 Hyperion，美国空军的 FTHSI（傅里叶转换超光谱成像仪），欧空局的 MERIS（中等分辨率成像光谱仪），美国的 MODIS（中分辨率成像光谱仪）和 ASTER 传感器等。我国于 20 世纪 80 年代中后期发展高光谱成像系统，"八五"期间研制的新型模块化航空成像光谱仪 MAIS、"九五"期间研制的一些航空高光谱仪也得到应用，如 PHI 推扫式高光谱成像仪以及 OMIS 实用型模块化成像光谱仪，此外，于 2008 年发射的"环境与灾害监测预报小卫星星座"A 星搭载了我国自主研制的超光谱成像仪（Hyperspectral imaging radiometer，HSI），其光谱范围为 450～950nm；2011 年发射的天宫一号飞行器上搭载的高分辨率高光谱成像仪，可以在可见近红外和短波红外波段进行成像，可实现纳米级光谱分辨率的地物特征和性质的成像探测。

国外利用高光谱遥感数据反演植被生理生化参数方面起步较早，Jago R A 等分别比较了地面数据和航空数据的红边位置与叶绿素含量之间的相关性，发现两者的红边位置信息与叶绿素含量存在显著相关性。Pu R L 等对比分析了 ALI、AVIRIS 和 Hyperion 3 种高光谱数据对森林 LAI 的反演精度，结果表明采用 AVIRIS 高光谱数据估测 LAI 的精度最高。Gamon J A 等提出叶片光化学指数 PRI 能较好地估测植被的光能利用率，而光能利用率与叶绿素含量的光合作用能力密切相关，因此该指数能较好地估测叶绿素含量。Yang F 等以东北平原的玉米为研究对象，利用野外实测的玉米冠层高光谱数据，对比分析了植被指数法、PCA、神经网络法、查找表法和混合模型法对玉米 LAI 的估测效果，结果表明采用 PCA 方法建立的 LAI 模型估测精度最高。Curran P J 等基于 CASI 高光谱数据提取的红边位置信息较好地实现了叶绿素含量的精确反演。Huber S 等使用 HyMap 高光谱影像数据，采用包络线去除法较好地实现了森林生化参量的估测。国内方面，李新辉等对 CHRIS 高光谱数据角度的敏感性进行分析，利用 ACRM 模型定量反演了内蒙古锡林河地区典型草地的 LAI，并与 MODIS LAI 产品进行了检验，结果表明采用 CHRIS 影像数据可以有效地改善稀疏植被覆盖度条件下 LAI 的低估问题。田永超等在分析光谱反射率与叶片和植株水分含量相关性的基础上，通过构建的一光谱指数较好地实现了对小麦水分状况的估测研究。薛利红等研究表明与小麦叶片氮含量关系最为密切的指数为红波段660nm 和蓝波段 460nm 的组合。张喜杰等认为原始光谱以及微分光谱均可对叶片氮含量进行估测，并且微分光谱具有更高的反演精度。尹芳等利用 HJ－1A 卫星的超光谱影像数据 HSI 提取的植被指数较好地实现了对草地 LAI 的估算研究。吴见等利用 BP 前馈神经网络算法构建叶片尺度叶绿素含量的高光谱反演模型，并基于 Hyperion 高光谱影像较好地实现了玉米叶片和 CCC 的精确估测。张霞等运用红边、光谱吸收特征以及逐步回归算法，选择和设计了叶片全氮反演的特征波段和特征参数，并利用 OMIS 航空高光谱影像对北京小汤山地区小麦进行了全氮含量填图，全氮含量填图的值域和分布与地面调查和测量结果一致。蒋金豹等利用 ASD FieldSpec Pro 光谱仪采集的高光谱数据，利用原始光谱和微分光谱构建了一系列敏感的植被指数，较好地实现了对条锈病胁迫下小麦 CCC、含水量、叶片色素和氮素含量的估测研究。梁亮等基于 OMIS 机载高光谱影像数据，利用构建的新高光谱指数以及筛选的植被指数结合 LS－SVM 方法构建了小麦叶片含水量和叶绿素含量的高光谱反演模型，并结合 OMIS 影像实现了大范围小麦叶片含水量和叶绿素含量的遥感填图。陈君颖等利用筛选得到的最佳光谱特征参数建立了水稻冠层氮和叶绿素含量的反演模型，结合同步获取的 Hyperion 高光谱影像较好地实现了研究区水稻冠层氮和叶绿素含量的遥感填图。

3. 多角度遥感数据

传统的遥感观测是在垂直方向或天底方向的单一观测，获取地物的信息量较为有限，并且容易受到大气、云等因素的影响。随着研究的不断深入和多角度传感器的陆续出现，多角度传感器将角度维的信息增加到传统单一角度观测模式中。其不仅能够获取地物更为丰富的立体信息，而且有效地弥补了单一方向遥感观测的不足。早期的多角度数据获取是通过利用宽视场角或侧视观测能力的卫星轨道飘移产生的角度差异获取同一地区的多角度遥感影像，主要有 NOAA/AVHRR、SPOT4-VEGETATION 以及 SPOT-HRV 等，该方法的缺点是观测角度少，观测角不理想以及成像时间内地表状况容易发生变化。目前比较典型的机载多角度传感器有 ASAS、POLDER 以及我国研制的多角度多光谱成像系统 AMTIS，在经历了机载测试后，多角度传感器进入星载阶段，目前主要的星载多角度传感器有 ATSR-2、ASTER、MISR、AVHRR、POLDER、POLDER-2、CHRIS 等，其中日本的 POLDER 传感器能够实现对地物在 16 个角度上进行观测，但是星下点 6km×7km 的分辨率不能满足大部分区域性研究；美国 EOS/TERRA 卫星上搭载的 MISR 传感器由 9 组 4 个波段的 CCD 相机组成，能够提供地面上 9 个角度的连续、高分辨率的遥感影像，较为理想，但该技术在国内还未得到广泛应用；欧洲航天局的 CHRIS 是搭载在 PROBA 卫星平台上的多角度紧密型高分辨率成像光谱仪，可同时获得同一地区 5 个角度的高光谱影像数据，是目前世界上少有的可以同时获取高光谱和多角度数据的星载传感器，较高的空间分辨率和较宽的光谱范围为大气、陆地和海洋的二向性反射（BRDF）研究提供丰富的数据。

国外在利用多角度数据估测植被生理生化参数方面起步较早，Stavrous S 等基于 CHRIS 的多角度高光谱影像数据，在分析植被指数与生理生化参数相关性的基础上得出大角度的遥感影像数据可以提高植被生理生化参数的反演精度。Delegido J 等结合使用 CHRIS 高光谱图像的多角度和高光谱特性较好地实现了对植被生理生化参数的反演研究。Asner G P 等研究发现结合使用光谱信息和角度信息能够在很大程度上提高生理生化参数的估测精度。Huber S 和 Olga S 等基于 CHRIS 的高光谱影像数据，利用连续统去除、波段深度分析和连续统去除和窄波段指数的方法计算特征参数，并对特征参数与植被生理生化参数之间的相关性进行了分析。Houborg R 等基于 MODIS 数据构造了一系列多时相多角度的高光谱指数，采用冠层反射率模型估测植被生理参数，取得了较为理想的结果。国内方面，许多学者开展了基于方向反射率数据提取地表参数的研究工作，赵春江等针对不同叶位生化组分垂直分布的特性，提出了利用多角度光谱信息反演农作物叶绿素垂直分布的方法，并且该方法达到了极显著水平。黄文江等定量分析了不同 LAI 的作物株型对冠层光谱反射率的影响，提出了将多时相和多角度的光谱信息相结合，初步实现了对作物株型的遥感识别研究。关于 CHRIS 影像在我国西北旱区冬小麦生理生化参数反演方面的研究目前还相对较少，盖利亚和申茜等对 CHRIS 影像的条带噪声去除、大气校正和几何校正等预处理方法进行了研究，获得了理想的结果。邢著荣利用多角度的 CHRIS 高光谱影像数据以及 PROSAIL 模型的模拟数据，基于神经网络方法实现了单角度和多角度春小麦 LAI 反演模型的构建及验证工作。王明常等利用 CHRIS 多角度影像数据结合 DART 模型，建立了多角度高光谱影像的 LAI 反演模型。王李娟等利用 AC-RM 模型模拟的植被光谱数据，构建了一个新型高光谱多角度植被指数 HDVI 并将其成功应用于 CHRIS 高光谱影像，实现对 LAI 的精确估算。杨贵军等利用北京 1 号和 Landsat TM5 等数据组合而成的多角度数据集，结合 INFORM 几何光学与辐射传输模型，利用聚类＋神经元网络方式建立了森林 LAI 的多源多角度反演模型，结果表明增加角度信息能够提高森林 LAI 的估测精度。多角度遥感可以较好地弥补单一角度反演的不足，提高植被生理生化参数的反演精度，但是由于多角度数据不易获取，导致多角度数据的广泛应用受到一定程度的限制。

1.2.2 反演方法研究进展

20 世纪 60—70 年代，美国农业部（United States Department of Agriculture, USDA）在实验室条件下采用光谱分析技术成功实现了对多种植物叶片光谱的测量与分析，开启了利用遥感技术估测植被生理生化参数方面的研究。植被生理生化参数的反演方法大体上可以分为两种：①经验/半经验统计模型法；②物理模型反演方法。这两种方法为快速、大范围获取植被生理生化参数提供了有效地监测手段和技术支撑。

1. 经验/半经验统计模型法

经验/半经验统计模型法目前在植被生理生化参数反演中应用较为广泛的一种方法。该方法利用原始光谱反射率、构建的植被指数、光谱反射率的不同变换形式以及相应的特征光谱信息等作为自变量，相应的植被生理生化参数作为因变量，利用多元统计分析方法建立自变量与因变量之间的回归方程，进而构建植被生理生化参数的反演模型，其中植被指数法原理简单，计算方便，在植被生理生化参数反演方面得到了广泛的应用。国内外学者利用该方法反演植被生理生化参数已进行了较多的研究。Gitelson A A 等基于实测数据构建了一系列植被指数对森林叶片的叶绿素、花青素以及叶黄素含量进行了精确反演。Stenberg P 等对比分析了比值植被指数（SR）、归一化植被指数（NDVI）以及简化比值植被指数（RSR）与 LAI 之间的相关性，结果表明与 SR 和 NDVI 相比，RSR 对 LAI 反演精度最高。Schlerf M 等基于 HyMap 高光谱影像，采用植被指数方法较好地实现了对森林 LAI 的估测。Pu 等通过挑选敏感光谱波段，利用逐步回归方法对比分析了 ALI、AVIRIS 和 Hyperion 3 种高光谱数据对阿根廷南部地区的森林 LAI 的反演精度，结果表明采用 AVIRIS 高光谱数据反演的 LAI

的精度最高。Maire G L 等通过计算野外实测数据和 Hyperion 影像的植被指数（NDVI 和 SR），构建了叶片叶绿素含量反演模型，较好地实现了阔叶林叶绿素含量的反演。Delegido J 等充分利用 CHRIS 影像的多角度和高光谱特性，利用三次多项式拟合法对 LAI 与叶绿素含量进行了反演研究。陈雪洋等利用环境星 CCC 数据，通过对 4 种植被指数进行对比分析，选取 RVI 建立了冬小麦 LAI 的最佳反演模型。唐延林等选取水稻、玉米和棉花 3 种作物，利用不同的敏感波段构建了植被指数与 LAI 之间的函数模型。王秀珍和赵春江等研究表明红边位置与叶绿素含量之间有较好的相关性。姚付启等利用红边位置、峰度系数和偏度系数较好地实现了叶片叶绿素含量的高光谱反演研究。针对植被水分含量的相关研究表明在近红外和短波红外光谱区域有 5 个水分吸收带，分别为 970nm、1200nm、1450nm、1930nm 和 2500nm。蒋金豹等利用近红外光谱与短波红外光谱的水分敏感波段构建的比值植被指数较好地实现了对条锈病胁迫下的冬小麦含水量反演，模型绝对误差为 3.43，相对误差为 4.78%。吉海彦等利用 1400～1600nm 的波段范围构建了植被水分含量反射模型，估测精度较高。Gao 等基于 AVIRIS 高光谱影像数据，利用波谱匹配技术较好地实现了对植被含水量的估测。由于光谱数据在采集过程中会受到土壤背景、含水量、冠层结构和植株株型变化等因素的影响，而且大多数植被指数存在有不同程度的饱和现象，也就是说当绿色植物生物量达到一定程度后，植被指数不再增长，而逐渐趋于一种"饱和"的现象。为了解决农作物生理生化参数反演过程中遇到的饱和问题，一些学者通过对现有的植被指数进行改进或通过构建新的植被指数进行研究。Gitelson A A 等通过引入绿光波段构建了绿色归一化植被指数（GNDVI）和绿光大气阻抗指数（GARI），较好地实现了植被叶绿素含量的反演。孟庆野等在对转换型叶绿素吸收反射率指数（TCARI）研究的基础上，采用 PROSPECT＋SAIL 模型模拟的冠层光谱数据构建了改进的转换型叶绿素吸收反射率指数（MTCARI），通过利用实测数据对该指数进行检验，结果表明 MTCARI 指数能较好地估测植被 CCC，同时对土壤背景以及冠层结构因素具有很好的抑制作用。刘占宇等在归一化植被指数 NDVI 的基础上，通过引进蓝、绿光波段构建了包含蓝、绿、红和近红外 4 个谱段的调节型归一化植被指数（ANDVI），该植被指数 ANDVI 在估算 LAI 时具有很好普适性和鲁棒性。田永超等在分析小麦冠层光谱反射率与叶片和植株水分含量相关性的基础上构建了一个新的光谱指数，较好地实现了对不同生育期小麦叶片和植株含水量的估测。

在植被指数法反演生理生化参数的基础上，一些学者采用波段深度分析、包络线去除以及微分等方法估测植被生理生化参数。Olga S 等基于 CHRIS 高光谱数据采用波段深度分析法计算波段吸收参数，并分析了吸收特征与生理生化参数之间的相关性。Huber 等基于 HyMap 高光谱影像采用包络线去除法较好地对叶片含水量进行估测。野外实验采集的光谱数据除了包含目标地物的光谱信息以外，往往还包含有土壤等背景信息的影响，研究表明光谱微分技术可以有效地去除或减弱土壤背景因素的影响，进而提高生理生化参数的反演精度。牛铮等分别建立了微分光谱与叶片全氮（TN）、全钾（TK）以及蛋白质含量之间的多元逐步回归模型。蒋金豹等以红边一阶微分总和与蓝边一阶微分总和的比值为变量构建了条锈病胁迫下冬小麦叶片氮素含量的反演模型，取得了较好的结果。张喜杰等对比分析了原始光谱和微分光谱反演黄瓜叶片的氮素含量，结果表明微分光谱在特殊的波长处具有更好的预测能力。

植被指数法由于受地域和时效性的影响，致使不同地区、不同生育期最佳的植被指数也不尽相同，此外由于植被指数含有的波段信息较少，导致植被指数模型稳定性不足而且容易受生育期的影响，而多波段数据可以更好地反映地物的综合信息，提高模型的稳定性。李映雪等研究表明多元植被指数可以提高小麦 LAI 的反演精度。李鑫川等利用分段方式实现了冬小麦 LAI 的高精度反演，并降低了植被指数的饱和性以及土壤背景因素的影响。此外，部分研究人员将支持向量机（Support Vector Machine，SVM）方法引入到植被生理生化参数的反演中，林卉等通过对 21 种高光谱指数进行筛选，从中筛选出对 LAI 有最强相关性的植被指数，并建立了 LAI 的高精度反演模型，研究结果表明 LS‐SVM 算法是建模的优选方法。梁栋等展示了以蓝、绿、红以及近红外波段作为 SVM 方法的输入参数构建立了冬小麦 LAI 反演模型，取得了比单一植被指数法较好的精度并且模型对多个生育期具有较好的适用性。

经验/半经验统计模型方法虽然原理简单、计算方便并且具有对农作物破坏性小的优势，但由于该方法对植被类型、土壤背景、影像空间分辨率以及大气条件的敏感性不同，而且容易受农作物生育期和外界环境条件等因素的影响，同时冠层光谱在不同地域、不同时间所表现出的光谱特性往往也不尽相同，此外植被指数由于饱和点低且包含的波段信息较少，致使植被指数模型的普适性相对较差。

2. 物理模型

物理模型法的发展始于 20 世纪 70 年代，该模型建立的基础是植被冠层的非朗伯体特性，在考虑光和叶片作用机理的基础上，通过模拟冠层内部的辐射传输过程进而实现植被生理生化参数的反演。物理模型法主要有几何光学模型、辐射传输模型和计算机模拟模型。植被冠层辐射传输模型可以模拟土壤—叶片—冠层之间的能量传输过程，常用的土壤二向性反射模型有 Hapke 模型，叶片/冠层模型主要有：PROSPECT 叶片光学特性模型、Suif 模型、SAIL 冠层模型、MSRM 模型、SAILH 模型、GeoSAIL 模型、MCRM 以及 ACRM 模型等。其中，PROSPECT 模型是由 Jacquemoud 在 1990 年率先提出并于 1995 年逐步完善的。该模型可以模拟植物叶片从可见光到中红外波段（400～2500nm）光谱范围内的光谱反射和透射特性，并且认为它们是叶片结构参数和生化参数的函数。模型的主要输入参数包括叶片内部结构参数、叶绿素含量、类胡萝卜素含量、叶片等价水厚度和叶片干物质含量，其输出参数为叶片反射率和叶片透射率。SAIL 模型是 Verhoef 于 1984 年在 Suit 模型的基础上发展起来的，其主要用于模拟任意叶倾角分布状态下的植被冠层散射特性，是具有代表性的农作物冠层辐射传输模型之一。SAIL 模型的输入参数主要有 LAI、平均叶倾角、叶片反射率和透射率、土壤反射率、天空散射辐射分量和太阳—地物—传感器观测几何参数，模型的输出参数为植被冠层的光谱反射率。

PROSAIL 模型是由 PROSPECT 和 SAIL 耦合而成，经过改进后的 PROSAIL 模型增加了植被冠层的热点效应、新的生化组分、土壤的非朗伯特性、冠层内部多次散射以及天空散射光的影响，并考虑了冠层在水平和垂直方向上的异质性，因而能较好地模拟植被冠层的光谱反射特性。目前 PROSAIL 模型已广泛应用于植被生理生化参数反演和光谱反射率模拟方面的研究。利用 PROSAIL 模型模拟冠层光谱反射率数据，模型的主要输入参数包括：①光谱参数，即叶片透过率与反射率以及土壤反射率；②结构参数，即 LAI 和平均叶倾角；③观测几何参数即太阳天顶角、太阳方位角、观测天顶角和观测方位角。Fang H L 等将植被冠层辐射传输模型和大气辐射传输模型相结合，基于 Landsat ETM+遥感影像数据采用神经网络方法反演 LAI，发现加入土壤反射指数反演 LAI 的估测精度最高。Navarro - Cerrillo R M 等在 PROSPECT - 5、离散各向异性辐射传输（DART）与实验方法的基础上，对比分析了 AHS、CHRIS/PROBA、Hyperion、Landsat 以及 QuickBird 遥感影像估测叶绿素含量的精度，发现采用 AHS 数据的估测精度最高。Baret F 等基于 SPOT 影像数据，采用神经网络与 PROSAIL 模型相结合的方法较好地实现了 LAI、吸收的光合有效辐射比例和植被覆盖度的遥感估算。Darvishzadeh R 等将 PROSAIL 应用于估测多样化草地的 LAI 与叶绿素含量，并指出了 PROSAIL 模型与高光谱相结合在估测植被冠层生化组分方面的优势。Vohland M 等基于 PROSPECT＋SAIL 模型，对比分析了数值优化法、查表法和神经网络方法对森林 LAI、含水量、CCC 和干物质含量进行反演，结果表明数值优化法与 PROSPECT＋SAIL 模型相结合的反演结果优于其他 2 种方法。Stephane J 等定量评价了 PROSPECT＋SAIL 模型在植被生理生化参数反演方面的真实性和有效性。Robinson I 等提出了基于树冠层半球照片直方图估测 LAI 的方法，通过对亚马逊雨林地区和巴西草地地区实测 LAI 进行验证，结果表明 LAI 估算值与实测值误差在 6% 左右，并且该方法简单、高效且要求已知数据较少。国内方面，刘晓臣等基于 PROSAIL 模型的模拟数据和野外实测数据分析了土壤背景、反射率非各向同性以及随机噪声等因素对植被指数法、微分法、模型反演法以及方向性二阶微分法的影响。蔡博峰等从 LOPEX93 数据库和 JHU 光谱数据库选择植被生化参数，利用 PROSAIL 模型模拟得到的植被光谱反射率数据，从物理机理的角度反演植被 LAI，通过利用地面实测数据对遥感反演的 LAI 进行验证，取得了较好地估测结果，并对误差的来源进行分析。杨曦光等基于 PROSAIL 模型实现对森林 CCC 的高精度反演，而且模拟值与实测值的拟合效果较好。李淑敏等采用 PROSAIL 模型反演农作物 LAI，通过与经验模型相比，结果表明 PROSAIL 模型的反演精度较高。吴伶等使用微粒群算法和 PROSPECT＋SAIL 模型对叶绿素含量、叶片水分含量与 LAI 进行了反演估算，结果表明采用植被指数作为优化比较对象可以有效地提高植被生理生化参数反演的精度和效率。赵虹等基于 PROSPECT＋SAIL 模型，定量分析了 10 种植被指数对 LAI 的响应情况，利用筛选的转换型土壤调节植被指数构建了 LAI 反演模型，较好地实现了对张掖市南部地区 LAI 的反演。邢著荣基于 PROSAIL 辐射传输模型和多角度的 CHRIS 高光谱图像，利用神经网络方法对比分析了不同角度组合反演春小麦 LAI 的效果，实现了单角度和多角度春小麦 LAI 反演模型的构建及验证工作。刘洋等提出了将物理模型和神经网络相结合利用 MODIS 地表反射率和 4 - scale 模型反演作物 LAI 的方法，通过将模型反演值与 LAI 产品进行对比，结果表明模型估测 LAI 与 LAI 产品在空间和时间分布较为一致。吴琼等选取呼伦贝尔温带草甸草原为研究区，采用 HJ - 1A - CCD2 影像的 PROSAIL 模型反演 LAI 值作为中间桥梁将地面实测值进行尺度上推，对 MODIS/LAI 产品进行验证与评估，结果表明经尺度上推后 MODIS/LAI 产品与地面实测值相对误差较低。石锋等通过分析模型参数对冠层反射率的敏感性确定了模型的可变参数和固定参数，基于 HJ - 1B CCD 影像大气校正后的反射率数据和 PROSAIL 模型使用查找表技术进行 LAI 反演，结果表明模型反演值与实测值较为吻合。杨飞等基于 PROSAIL 模型与野外实测数据实现了 MODIS LAI 的精确估算。基于物理模型的反演方法考虑了冠层内部的辐射传输过程和多次散射作用，能够有效地描述光谱反射率与植被生理生化参数之间的相关关系，而且模型不随植被类型的不同而改变，因此普适性较好且精度较高。但由于该方法需建立在先验知识的基础上，同时模型需要的输入参数较多且部分参数不易获取，反演过程相对较为复杂。

1.2.3　研究中存在的不足

综上所述，国内外学者在植被生理生化参数模型构建方面已进行了大量的工作，并且取得了令人可喜的成果，但以下方面仍需进一步的研究和探索：

（1）当前由于植被指数含有的波段信息较少，同时部分研究受限于单一生育期数据，导致构建的植被生理生化参数模型精度和普适性较低，缺乏利用多波段数据在多个生育期开展相关方面的研究。

（2）虽然遥感数据在反演植被生理生化参数含量方面取得了一定的成果，但部分方法受限于单一数据源或多光谱数据，而采用星-地同步实验数据，将 CHRIS 高光谱图像数据应用于估测我国西北旱区杨凌实验区冬小麦 LAI 和 CCC 反演方面的研究还相对较少。

（3）CWT 通过对高光谱数据进行分解能够有效地捕捉到一些与植被生理生化参数较为敏感的光谱信息，LS－SVM 作为一种强大的机器学习方法在模型回归领域得到了广泛的应用，但将两种算法的优势相结合并将其应用于提高冬小麦 LAI 和 CCC 模型精度方面的研究相对较少。

1.3　研究内容及技术路线

本书基于星-地同步实验数据，耦合 CWT 和 LS－SVM 两者的优势，构建了冬小麦 LAI 和 CCC 的定量反演模型，并将其推广应用至杨凌地区，提高了模型的反演精度以及冠层和像元尺度的普适性，为杨凌地区冬小麦地空一体化遥感监测提供一定的参考。本书主要的研究内容如下：

（1）为了使地面光谱数据与 CHRIS 高光谱图像的波段信息保持一致，在缺少 CHRIS 高光谱图像光谱响应函数的情况下，采用高斯函数模拟得到 CHRIS 高光谱图像的光谱响应函数，并利用其将地面光谱数据重采样，与 CHRIS 高光谱图像波段信息一致，为将建立的冬小麦 LAI 和 CCC 模型应用于 CHRIS 高光谱图像上奠定基础。

（2）阐述 CHRIS 高光谱图像条带噪声的来源以及噪声的去除方法，采用欧空局提供的 HDFclean 对 CHRIS 高光谱图像进行了去条带处理，从视觉上对比分析了条带噪声的去除效果。在此基础上利用经验线性校正法对 CHRIS 高光谱图像进行大气校正处理，并利用野外实测光谱数据对校正结果进行精度评定。

（3）利用 CWT 方法对重采样的冠层光谱数据在多个尺度上进行分解，并将分解得到的小波能量系数分别与冬小麦 LAI 和 CCC 进行相关性分析，共提取出 11 个对冬小麦 LAI 和 9 个对冬小麦 CCC 敏感性较高的小波特征。

（4）基于星-地同步实验数据，通过对相应数据进行波段相关性分析、植被指数计算、主成分分析以及 CWT 处理，在冠层上建立了多个冬小麦 LAI 反演模型并对其进行优化选择，优化选择的模型在遥感影像上进行比较分析，筛选出冬小麦 LAI 估测精度最高的模型，并将其应用于同步获取的 CHRIS 高光谱图像上得到杨凌地区冬小麦 LAI 分布图。

（5）耦合 CWT 与 LS－SVM 方法构建了基于多元小波特征的冬小麦 CCC 反演方法，通过在冠层上与植被指数模型、主成分信息模型以及波段反射率模型进行优化选择，并将筛选的模型在遥感影像上进行精度评定，最终得出 CCC 估测的最佳模型，为大范围的冬小麦长势及产量估测提供决策支持。

针对以上研究内容，本书采用的技术路线如图 1.1 所示。

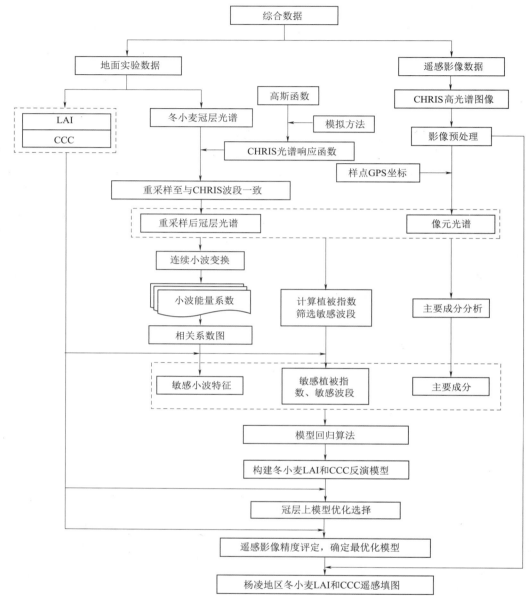

图 1.1　技术路线图

1.4　本书结构

本书共分为 7 章，各章节及主要内容如下：

第 1 章：绪论。阐述了本书的目的及意义，介绍国内外植被生理生化参数反演方面的研究进展以及存在的不足，并提出本书的研究内容及技术路线。

第2章：实验方案与数据获取。阐述了杨凌实验区概况，野外实验方案设计以及地面实验数据和遥感影像数据的获取。

第3章：研究方法与数据预处理。阐述了冬小麦LAI和CCC模型建立过程中采用的研究方法，对地面数据和遥感影像数据进行了预处理。

第4章：冬小麦LAI与CCC的光谱特征提取。通过对光谱数据分析处理，提取了相应的光谱指数、主成分信息以及小波特征信息，为模型构建奠定基础。

第5章：冬小麦LAI的高光谱定量反演。基于星-地实验数据构建了多种冬小麦LAI模型，通过对比将最优模型应用于CHRIS高光谱图像上得到LAI遥感填图。

第6章：冬小麦CCC的高光谱定量反演。在冠层上对构建的冬小麦CCC模型进行优化选择，将筛选的模型在遥感影像上进行精度评定及应用。

第7章：结论与展望。总结本书主要的成果，并对今后的研究方向进行展望。

本书结构如图1.2所示。

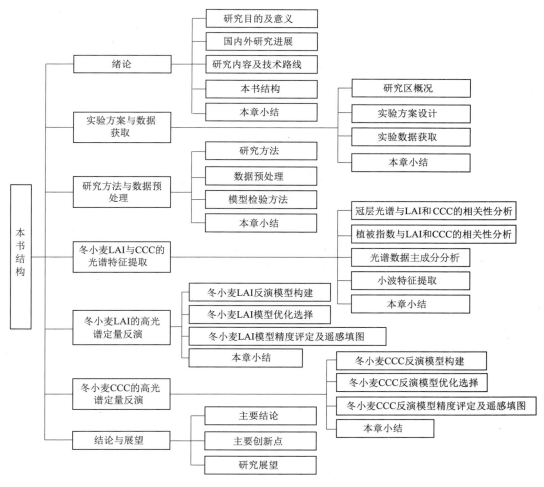

图1.2　本书结构图

1.5　本章小结

　　本章主要阐述了本书研究的目的及意义，总结了国内外植被生理生化参数反演主要采用的数据源以及反演方法的研究进展情况，分析了当前植被生理生化参数反演中存在的不足，并在此基础上介绍了本书的主要研究内容、采用的技术路线及总体结构。

第 2 章

实验方案与数据获取

2.1　研究区概况

2.1.1　自然地理概况

1. 地形地貌

本书研究区为杨凌农业高新技术产业示范区（以下简称杨凌区）位于中国陕西省关中平原地区。关中平原是我国四大平原之一，其南北介方向于秦岭和渭河北山之间，东西介于潼关和宝鸡之间，包括西安、宝鸡、咸阳、渭南、铜川五市及杨凌区，长约360km，西窄东宽，面积约3.4万km²，面积约占全省土地总面积的19%，全区地势西高东低，海拔介于325.00~800.00m，平均海拔约500.00m，号称"八百里秦川"。关中平原是断层陷落形成地堑式构造平原，因地处函谷关和大散关之间，古代称"关中"。自古以来，关中地区风调雨顺，灌溉发达，土质肥沃，水源丰富，机耕、灌溉条件优越，是我国重要的商品粮产区，享有"金城千里，天府之国"之美誉。

杨凌区是中国农业高新技术产业示范区，地理位置介于东经107°59′45″~108°07′30″，北纬34°14′~37°17′30″，东和南分别以漆水河和渭河为界与武功县和周至县接壤，西和北与扶风县毗邻。全区地势北高南低，海拔介于431.00~559.00m，区内由南向北依次分布着渭河漫滩，一级阶地、二级阶地和三级阶地等地貌类型。其中三级阶地占总面积比例最大，为59.5%，其海拔介于516.40~540.10m；二级阶地和一级阶地占全区总面积的比例依次为18.5%和13.8%；渭河滩地平均海拔约为420.00m，占总面积的2.5%。杨凌区东距西安市85km，西距宝鸡市90km，区内有陇海铁路、西宝高速公路贯穿境内，交通十分便利。研究区位置示意图如图2.1所示。

2. 土地和植被类型

杨凌区地势平坦，土地肥沃，区内土地总面积为134km²，有7个土类、11个亚类、15个土属、34个土种，其中塿土占区内土地总面积的71.7%，在一级阶地、二级阶地、三级阶地的塬面上分布较为广泛，其次为新积土，其面积为1046.67hm²，在渭河以及漆水河滩地区分布较为广泛，黄土类土占土地总面积的10.83%。除此以外，杨凌区还分布有潮土（2.66%）、水稻土（1.87%）、红黏土（1.11%）、沼泽土

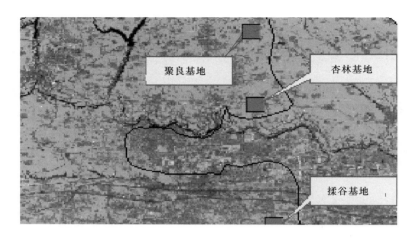

图 2.1　研究区位置示意图

（0.8%）等土类。目前杨凌区的植被类型主要为人工植被，并且在河流两岸、河滩地和农田等地段分布较为广泛，并且主要以河滩堤岸、农田和沟坡水土保持等防护林形式为主，主要是为了保护河堤和护坡，此外也有以苹果、梨和桃等果木为主的经济林，主要分布于渭河三级阶地区。草本植物仅在田埂、沟边生长，在一定程度上存在着区域性差异。

3. 气候类型

杨凌区气候类型属典型的大陆性季风型半湿润气候，该区四季分明，具有春暖多风，夏热多雨、秋热凉爽，冬寒干燥，全区多年的平均气温为 12.9℃，其中极端最高气温和极端最低气温分别为 42℃和－19.4℃。年平均降水量为 635.1mm，其中年最大和最小降水量分别约为 979.7mm 和 327.1mm，湿润指数为 0.64。最大积雪厚度和最大冻土深度分别为 23cm 和 24cm，年均无霜期为 211d。区内灾害性天气类型多样，其中干旱是最严重灾害类型。

杨凌区土地肥沃，河流纵横，区内三面环水，水资源丰富，其中河流、主干渠的地表水约 47.6 亿 m^3，地下水补给量 3387.34 万 m^3。渭河由西向东横贯渭河平原，干流及支流泾河、北洛河等均有灌溉之利。区内最大洪峰流量为 5780m^3/s，最小洪峰流量为 5m^3/s。杨凌区水资源丰富，从南到北有渭河、漆水河和韦河依次分布，其中漆水河是渭河北岸的一级支流，韦河是漆水河的一级支流、渭河的二级支流，同时区内还有宝鸡峡二支渠、渭惠渠、渭高干渠等人工灌溉渠流入杨凌示范区。

2.1.2 农业与社会经济概况

为了将农业科技优势转化成产业优势，实现现代农业的快速发展，国家将杨凌区设为农业高新技术产业示范区，为农业产业化发展起到表率和示范作用。杨凌区主要的农作物类型有小麦和玉米、油菜、西红柿、西瓜、苗木、花卉及苹果和猕猴桃等，其中小麦在杨凌区分布较为广泛。当前以农产品精深加工和农资农化生产为特色的产业格局已初步形成，现代农业示范园区已初步建成，并培育形成了生态蔬菜、经济林果、畜牧养殖等8类主导产业。

目前杨凌区下辖3个镇，两个街道办事处，70个行政村、18个社区，全区总面积134 km²，城区面积12 km²，总人口20.2万人，耕地面积9.4万亩。2013年杨凌区全年生产总值（GDP）为84.71亿元，比2012年增长14.0%。农业总产值达到11.05亿元，比2012年增长了5.2%。农民人均纯收入和城镇居民人居可支配收入分别增长了14.7%和10.3%，完成规模以上工业总产值、社会消费品零售总额、全社会固定资产投资和财政总收入分别为88.32亿元、10.89亿元、30.01亿元和3.65亿元，总体上杨凌区经济发展呈现出结构优化和效益提升的良好态势。

2.1.3 核心实验基地介绍

杨凌区主要有3个核心实验基地，分别为扶风聚良农场3000亩粮食作物高效示范辐射实验基地（简称"聚良基地"）、杨凌揉谷粮食作物高产优质高效示范引领核心实验基地（简称"揉谷基地"）、扶风杏林镇10000亩粮食作物与苹果高产优质高效示范辐射实验基地（简称"杏林基地"），3个实验基地的现场情况如图2.2所示。其中聚良基地位于杨凌区北30km，其行政区划位于扶风县聚良农场，拟辐射区域面积3000亩，主要种植的作物为冬小麦和夏玉米，土地管理原为国有农场，目前已约定为流转土地；揉谷基地位于杨凌区揉谷镇，包括石家村、尚德村和白龙村，基地核心实验区面积为3500亩，主要种植作物为冬小麦、夏玉米、夏甘薯和早熟马铃薯；杏林基地位于杨凌北15km的扶风县杏林镇，包括马席村、杏林村、菊花村和汤坊村，基地面积为10000亩，其中核心区面积为1000亩，辐射区面积为9000亩，主要种植的作物为冬小麦、夏玉米和苹果，核心区1000亩为约定流转土地，9000亩辐射区为农户托管土地。3个核心实验基地全部由杨富兴家庭农场管理，合同期限为10年，基地建设模式为"实验基地＋家庭农场＋种业公司"，3个基地为宝鸡峡灌区水浇地，土质良好，有大型机械设备仓库，宽带网络设施已达村庄。

（a）聚良基地

（b）揉谷基地

（c）杏林基地

图 2.2　核心实验基地现场情况

2.2 实验方案设计

2.2.1 实验目的与实验时间

1. 实验目的

实验依据课题任务书的实际需要，通过在西北旱区典型实验区开展杨凌野外联合实验，以农田冬小麦生理生化参数的精准获取为出发点，围绕冬小麦生理生化参数定量反演和模型本地化等科学目标，为模型的构建和验证获取一套在科学性、准确性、完备性上有保证的地-星实验数据，为之后的相关研究提供数据支持。

2. 实验时间

通过查阅杨凌区小麦生长的物候历，区内小麦的生长季为当年 9 月至次年 6 月上旬。因此杨凌区种植小麦属于冬小麦，从当年 3 月开始，杨凌区小麦由返青期相继进入起身期和拔节期；4 月中上旬冬小麦进入孕穗期、抽穗期、扬花期和灌浆期；6 月上旬冬小麦进入成熟期。从冬小麦播种到成熟期间，杨凌区冬小麦全生育期约为 225d。综合考虑研究区冬小麦的物候信息和实验目的，实验时间选择在冬小麦的两个关键生育期——拔节期和灌浆期。其中，在小麦拔节期间，选取的野外实验时间为 2013 年 3 月 31 日和 4 月 1 日；在小麦灌浆期间，选取的野外实验时间为 2013 年 4 月 27 日和 4 月 28 日。实验时间内小麦生长情况如图 2.3 所示。

2.2.2 测量项目、实验仪器设备和人员分配

1. 测量项目

野外实验的测量项目包括冬小麦 LAI、光合有效辐射、叶片 SPAD、株高、冠层光谱数据、土壤含水量、采样点坐标、植被覆盖度、植株密度、植株水分和干物质含量等一系列数据信息，构成了一套全面且丰富的野外实验数据集。

2. 实验仪器设备和人员分配

野外实验采用的仪器设备主要有 ASD 地物光谱仪、笔记本电脑、LAI-2000 植物冠层分析仪、SunScan 植物冠层分析仪、SPAD502 叶绿素仪、卷尺（5m）、

（a）拔节期

（b）灌浆期

图 2.3　实验时间内小麦生长情况

TDR300 型土壤水分速测仪、差分 GPS、相机、土钻、剖面板、烘箱和电子天平等。

野外实验由杨凌农业信息中心牵头组织实施，北京农业信息中心、北京大学、西北农林科技大学、北京师范大学、中国农业大学和浙江大学等多家单位共同参与，实验共分为聚良组、揉谷组和杏林组 3 个实验小组，分别在 3 个核心实验基地进行野外实验数据采集。实验内容及基本情况见表 2.1。

表 2.1 实验内容及基本情况表

测量项目	仪器名称	测量方法	人员分配
冬小麦 LAI	LAI-2000 植物冠层分析仪	读取读数	1 人
光合有效辐射	SunSCAN 植物冠层分析仪	读取读数	2 人
叶片 SPAD	SPAD-502 叶绿素仪	倒一和倒二叶各测 10 组，读取读数	1 人
株高	卷尺（5m）	测量 5 株冬小麦株高（根部到叶最高点）	
冠层光谱数据	ASD 地物光谱仪	样点处均匀采集 10 条光谱数据	2 人
土壤含水量	TDR300 型土壤水分速测仪	TDR12cm 和 20cm 探针对根部和行间进行测量；采集土壤样本，烘干法测含水量	2 人
采样点坐标	差分 GPS	直接读取数据	1 人
植被覆盖度	相机	每个样点拍 3 张照片，编号并进行处理	1 人
植株密度	卷尺	人工数取 2 垄 50 cm 区域内的小麦茎数	2 人
植株水分	烘箱，电子天平	称取鲜重和烘干重	1 人
干物质含量	烘箱，电子天平	烘干称重	

2.2.3 样点布设原则与分布

1. 样点布设原则

野外样点选择在冬小麦长势均一且能够代表该点周围小麦平均长势的区域，同时在布设时应选择均一、足够大的地块以尽量保证像元纯净，并且保证实验样本数值有梯度，减少代表性误差；样本数量和工作量相平衡，确保地面测量值的真实性，并且样本数量足够用于建模和验证，取样时在像元内部多次重复测量取平均值以减少随机误差。

2. 样点分布

聚良基地、揉谷基地和杏林基地实验样本点的分布如图 2.4 所示。

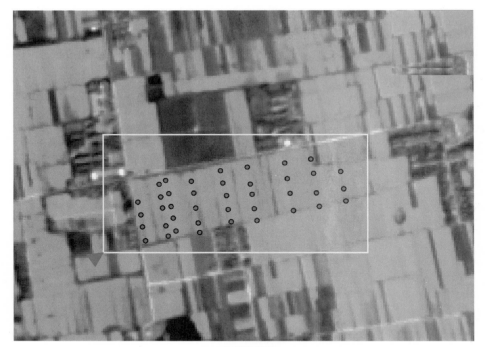

（a）聚良基地

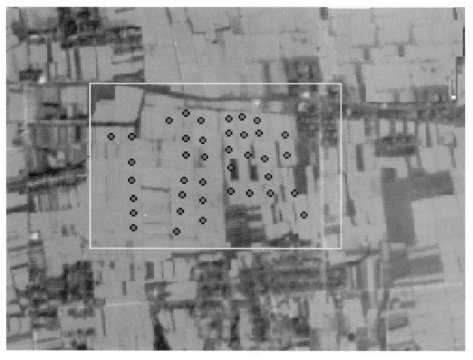

（b）杏林基地

图 2.4（一）　实验样点分布图

(c)揉谷基地

图 2.4（二） 实验样点分布图

2.3 实验数据获取

2.3.1 地面实验数据获取

1. 坐标数据采集

地面坐标数据测量采用天宝 Trimble Geo Explorer 6000 XH 系列手持差分 GPS 进行采集。采集的坐标数据包括两部分：一部分为地面控制点坐标，主要用于对后期获取的遥感影像数据进行几何精校正处理，使遥感影像与地面测量数据的坐标相匹配，这部分坐标主要采集道路交叉点以及一些明显的地物标志点；另一部分为野外实验样区坐标，主要用于将地面实验采集的数据与遥感影像的相应位置相互对应。坐标采集时，测量人员站在每个样区的中心点位置处，共读取 5 个坐标值，最后取其平均值作为该样区中心处的 GPS 坐标。

2. 冬小麦冠层光谱测量

冠层光谱数据采用美国 ASD（Analytical Spectral Device）公司生产的 ASD Field-spec Pro FR2500 型光谱仪（以下简称 ASD 光谱仪）进行采集，光谱范围为 350～2500nm。其中，在 350～1000nm 范围内光谱分辨率为 3nm；在 1000～2500nm 范围内为光谱分辨率为 10nm。光纤探头视场角为 25°。实验于 2013 年 3 月 31 日至 4 月 1 日、4 月 27—28 日进行，分别对拔节期和灌浆期的冬小麦冠层光谱数据进行采集，田间农学取样与光谱采集同步进行。

测量时，3 个实验区天气晴朗无云，大气能见度较好。采集时间为每天 10：00—14：00（北京时间）。光谱数据采集前首先将光谱仪打开预测 30min，光谱数据采集时，工作人员面向太阳立于样区后方，将光纤探头垂直向下置于冠层上方进行采集，并确保举探头之人不在光谱仪视场之内。冬小麦冠层光谱数据采集现场如图 2.5 所示。

图 2.5　冬小麦冠层光谱数据采集现场

在每个样区处，将 ASD 光谱仪的光纤探头对准冬小麦冠层采集冠层光谱数据，在样区视场范围内均匀采集 10 条光谱数据，每个样区光谱数据采集前均进行标准白板校正，并且白板与冬小麦冠层置于同一水平面上，测量过程中一旦发现参考板反射率异常，即对光谱仪进行优化。利用式（2.1）进行反射率转换，最终得到每个样区处的冬小麦冠层光谱反射率数据。

$$R_{\text{小麦冠层}} = \frac{DN_{\text{小麦冠层}}}{DN_{\text{白板}}} \times R_{\text{白板反射率}} \tag{2.1}$$

式中　$R_{\text{小麦冠层}}$——小麦冠层反射率；

　　　$DN_{\text{小麦冠层}}$——小麦冠层 DN 值；

　　　$DN_{\text{白板}}$——参考板 DN 值；

　　　$R_{\text{白板反射率}}$——白板反射率。

野外冠层光谱数据采集完成后，利用与 ASD 光谱仪配套的光谱数据后处理软件 View Spec Pro，将采集的光谱数据导出为 ASCII 格式，并将 350～2500nm 光谱范围内水汽吸收带 1400nm、1900nm 和 2500nm 等附近处的噪声波段予以剔除。

3. 冬小麦 LAI 测定

冬小麦 LAI 采用美国 LI-COR 公司生产的 LAI-2000 植物冠层分析仪进行测定。该仪器利用 320～490nm 的感应波段进行测量，设置有一个天空光和 6 个测试目标值，在探头位置处佩带一个 45°张角的镜头盖，用于避免直射太阳光对测量结果的影响。冬小麦 LAI 测量与冠层光谱测量同步进行，测量位置与光谱测定区域一致，在每个样区处，首先在冠层上方测量一次参考入射辐射，然后将 LAI-2000 植物冠层分析仪移至冬小麦冠层下方沿着一垄小麦根部开始，逐渐移向另一垄小麦的根部，最终在冬小麦冠层下方共采集了 6 个测量值，通过仪器的内置程序自动解算得出样区冬小麦的 LAI。冬小麦 LAI 测定现场如图 2.6 所示。以往研究结果表明，LAI-2000 植物冠层分析仪测得的值为植物面积指数 PAI，该指数包含植物光合作用成分和非光合作用成分。本书研究中由于冬小麦叶和茎都进行光合作用，因此植物面积指数即为冬小麦真实的 LAI。

4. 冬小麦 CCC 测定

冬小麦 CCC 利用非破坏性测量方法进行测定，采用的仪器为日本生产的 SPAD-502 型叶绿素仪。该仪器通过测量叶片在 650nm 和 940nm 下的透光系数进而得出叶片的叶绿素含量，测量范围为 -9.9～199.9 SPAD；在常温条件下，测量精度为 ±1.0 SPAD。在光谱测定取样区选取 10 株能代表该样区内冬小麦生长状态的小麦，并分别测量这 10 株小麦的第一个展开叶和第二个展开叶的 SPAD 值，然后取 10 株小麦叶片倒一叶和倒二叶 SPAD 值的平均值作为样区小麦叶片最终的 SPAD 值，冬小麦叶绿素含量测定现场如图 2.7 所示。

叶片测定部位为叶片中部，因测定部位对读数影响很大，故测定部位要尽量保持一致并避开叶脉。由于 SPAD 是表征叶绿素含量的相对值，并且该数据没有单位，不

图 2.6　冬小麦 LAI 测定现场

图 2.7　冬小麦叶绿素含量测定现场

便于后续的定量研究，因此本书采用以往实验中基于该仪器建立的经验模型将无单位的 SPAD 值转换为有单位的叶片叶绿素含量 C_{ab} 单位为 $\mu g/cm^2$。经验模型为

$$s.\,t.\ n=18, R^2=0.93, RMSE=3.2\mu g/cm^2$$

$$C_{ab} = 6.006\exp(0.040SPAD)\qquad(2.2)$$

在冠层上，与冠层光谱对应的叶绿素含量是单位地表面积上总的叶绿素含量，即CCC。因此，需要将 C_{ab} 转换为CCC。为了获得冬小麦的CCC，本书借鉴了Cheng估测冠层水分含量和Gitelson估测玉米CCC的方法。Cheng等认为植物冠层水分含量可以通过叶片等效水厚度与LAI的乘积进行确定；Gitelson A A等研究表明玉米CCC可以通过玉米冠层上方的叶片叶绿素含量与LAI的乘积进行精确估测。在借鉴上述估测方法的基础上，本研究利用样点处 C_{ab} 与LAI的乘积来估测样区冬小麦CCC，计算式为

$$CCC = C_{ab} \cdot LAI\qquad(2.3)$$

2.3.2 CHRIS 高光谱影像

PROBA（Project for On Board Autonomy）是欧洲航天局（ESA）于2001年10月22日发射的小卫星，卫星高度为556 km，其上共搭载了3种传感器，即紧凑式高分辨率成像光谱仪（Compact High Resolution Imaging Spectrometer，CHRIS）、辐射测量传感器（Radiation Measurement Sensor，SREM）以及碎片测量传感器（Debris Measurement Sensor，DEBIE）。其中CHRIS传感器是一个小型的星载高光谱成像仪，采用推扫方式能够获取可见光到近红外波段的遥感影像数据，具有成像模式多、光谱范围宽和分辨率高等优势，同时其可以在短时间内获取同一地区5个角度的遥感影像数据，并且能够获取地物环境更为丰富的细节信息，因此其在地物反演方面得到了广泛的应用。

作为太阳同步观测卫星，CHRIS高光谱图像的重访周期为7d，空间分辨率有17m和34m两种，光谱范围为438～1050nm，每景图像宽14km，同时其可以在2.5min内获取同一地区5个飞经天顶角（Fly - by Zenith Angel，FZA）的遥感影像，分别为：-55°，-36°，0°，36°，55°。其成像几何关系如图2.8所示。CHRIS高光谱图像目前是世界上少有的可以同时获得高光谱和多角度图像的传感器，其有5种成像模式见表2.2。不同的成像模式有不同的波段和分辨率设置，其中模式1为陆地与水成像模式，其共有62个波段，空间分辨率为34m，模式2为水成像模式，共有18个波段。模式3～5均为陆地成像模式，其中模式3和模式4均有18个波段，模式5有37个波段，模式2～5图像空间分辨率均为17m。

CHRIS高光谱图像分为Level 0和Level 1两级，其中Level 0级为原始图像，只用来生产Level 1级产品，Level 1级数据为HDF（Hierarchical Data Format）格式。CHRIS高光谱图像是以HDF格式进行存储，每幅影像包含原始图像和元文件信息，

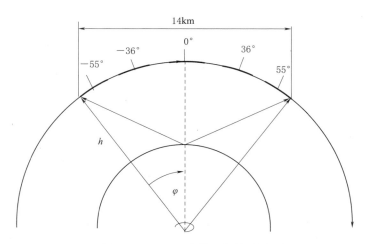

图 2.8 CHRIS 成像几何关系图

表 2.2   **CHRIS 成 像 模 式**

成像模式	光谱范围/nm	波段数	空间分辨率/m	幅宽/km	成像模式
模式 1	406～1003	62	34	14×14	陆地和水成像
模式 2	406～1036	18	17	14×14	水成像
模式 3	438～1050	18	17	14×14	陆地成像
模式 4	486～796	18	17	14×14	陆地成像
模式 5	438～1036	37	17	14×7	陆地成像

其中图像元文件信息主要有图像编号、飞行天顶角（FZA）、图像中心时间、目标名称、成像日期、目标经度、目标纬度、目标高程、光谱范围、数据格式、空间分辨率、图像行列数、数据单位、波段数、太阳天顶角（SZA）等信息。CHRIS 高光谱图像元文件信息见表 2.3。

表 2.3   **CHRIS 高光谱图像元文件信息**

名 称	参 考 值				
图像编号	F140	F141	F142	F143	F144
飞行天顶角	0°	36°	−36°	55°	−55°
图像中心时间	23：46：24	23：46：24	23：48：01	23：45：36	24：38：49
目标名称	Fufeng				
成像日期	2013 年 4 月 2 日				
目标经度	107.96°				
目标纬度	34.38°				
目标高程	575m				
光谱范围	438～1050nm				

名　称	参　考　值
数据格式	BSQ
空间分辨率	17m
图像行列数	748×766
数据单位	MicroWatts/nm/m²/str
波段数	18 个
太阳天顶角	76°

为了对冬小麦 LAI 和 CCC 进行反演，本书采用的 CHRIS 高光谱图像数据级别为 Level 1 级，图像成像模式为模式 3，成像时间为 2013 年 4 月 2 日，当天天气晴朗无云，图像质量较高，模式 3 的 CHRIS 高光谱图像有 18 个波段，其波段信息见表 2.4。在获取 5 个角度的 CHRIS 高光谱图像中（图 2.9），其中飞行天顶角为 0°的图像为垂直方向投影信息，因此本书只对角度为 0°的 CHRIS 高光谱图像进行后续的分析处理。

表 2.4　　　　　　　　　　　　　　CHRIS 高光谱图像波段信息

波段	λ_{min}/nm	λ_{max}/nm	λ_{mid}/nm	波段宽/nm
1	438.6	449.3	443.8	10.6
2	486.3	498.1	492.1	11.7
3	526.7	538.3	532.4	11.6
4	547.5	560.6	554	13.1
5	567.5	578.4	572.9	10.8
6	628.2	642.5	635.3	14.3
7	657.6	673.6	665.5	16
8	673.6	684.7	679.1	11.1
9	696.4	708.4	702.3	12.1
10	708.4	714.6	711.5	6.2
11	714.6	720.9	717.7	6.3
12	740.5	754.3	747.4	13.8
13	754.3	761.4	757.8	7.1
14	775.9	798.7	787.1	22.9
15	866.1	893.8	879.7	27.7
16	893.8	913	903.3	19.2
17	913	922.8	918	9.8
18	1006.3	1050.2	1028.1	44

(a) $FZA = 0°$

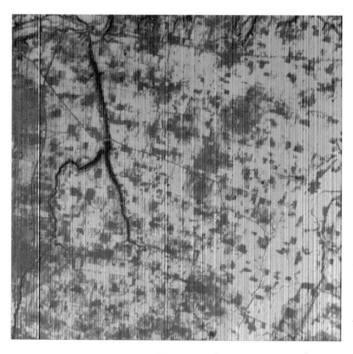

(b) $FZA = 36°$

图 2.9（一） 5 个角度的 CHRIS 高光谱图像

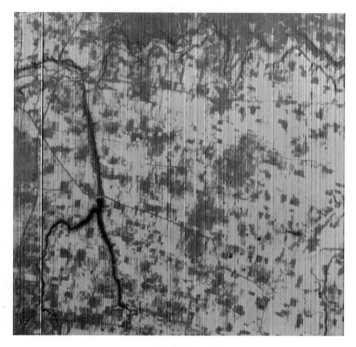

(c) $FZA = 36°$

(d) $FZA = 55°$

图 2.9（二） 5 个角度的 CHRIS 高光谱图像

(e) $FZA=55°$

图 2.9（三）　5 个角度的 CHRIS 高光谱图像

2.3.3　校正和检验样本分配

　　杨凌区野外实验包括冬小麦的拔节期和灌浆期，这两个关键生育期。其中冬小麦拔节期野外实验时间与 CHRIS 高光谱图像的获取时间相隔 1d，在此期间冬小麦 LAI 与 CCC 变化不大，因此认为两者为星-地同步实验。经去除部分漏测和异常数据，同时由于部分实验区数据和部分生育期数据无法获取，两次野外实验共采集有效样本 144 组，包括冬小麦冠层光谱、LAI 和 CCC。其中在 144 组样本中有 38 组样本位于 CHRIS 高光谱图像范围内，其余 106 组位于图像范围外。为了评价冬小麦生理生化参数模型在冠层和像元尺度的精度和适应性，本书将影像范围内的 38 组样本作为模型检验集，其中冠层的 38 组样本主要用于对冠层建立的模型进行优化选择。像元尺度的 38 组样本用于对优化模型在像元尺度上进行精度评定，其余 106 组样本作为模型校正集，校正集样本主要用于冬小麦生理生化模型构建，检验集样本作为独立的样本集不参与模型建立，只用于对建模结果进行验证。为了测试冠层上建立的冬小麦生理生化参数模型在像元尺度的精度和适用性，本书像元光谱数据从同步的 CHRIS 高光谱图像上提取，影像上的提取位置与野外实验样区位置一致，这样保证了样点处均有冠层和像元光谱数据。由于野外实验区域跨度范围较大，野外实验采集的实验数据中共有 38 组数据位于 CHRIS 高光谱图像区域范围内（图 2.10），其余样本位于 CHRIS 高光谱图像范围之外。

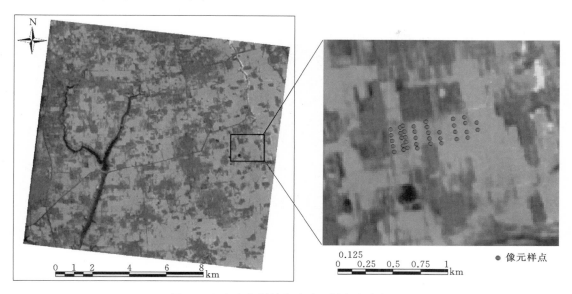

图 2.10　冬小麦野外实验验证样本点分布图

2.4　本章小结

　　本章主要阐述了研究区概况、实验方案设计以及实验数据的获取工作，首先阐述了研究区自然地理概况、农业与社会经济概况以及杨凌实验区的 3 个核心实验基地；论述了杨凌野外联合实验的目的和时间、测量项目、采用的实验仪器、人员分工情况以及野外实验样点布设原则及分布，最后阐述了冬小麦冠层光谱、冬小麦 LAI 和 CCC 的测定方法，讨论了 CHRIS 高光谱图像的数据特点、成像模式以及波段信息，并对模型校正集和检验集样本的分配进行阐述，为数据分析处理以及冬小麦 LAI 和 CCC 模型建立奠定基础。

第 3 章

研究方法与数据预处理

3.1 研究方法

3.1.1 CWT

小波变换由法国工程师 Morlet 于 1974 年率先提出，作为一种强大的信号处理工具，它可以通过伸缩和平移等运算对函数或信号在多个尺度上进行分解，较好地解决了 Fourier 变换不能同时分析时间域和频率域的缺陷，目前已被广泛应用于森林种类识别、植物胁迫识别、地理学、病虫害信息提取、遥感图像处理以及植被理化参数反演等众多领域。

在高光谱遥感领域，小波变换能够有效的从光谱反射率数据中提取出对植被理化参数最为敏感的特征信息，小波变换包含离散小波变换（Discrete Wavelet Transformation，DWT）和连续小波变换（Continuous Wavelet Transformation，CWT）。其中，DWT 在对高光谱数据进行分析时存在对输出结果解析的困难；CWT 通过对高光谱数据在多个尺度上进行分解，能够得到不同位置和不同尺度上分解得到的小波能量系数，通过相关性分析能够较好地提取出一些敏感的光谱特征信息用于植被遥感定量研究。Blackburn 等研究发现 CWT 方法能够较好地实现对植物叶片生化组分的精确估测。张竞成采用 CWT 方法较好地实现了植物病害信息的精确估测。Cheng 等采用包含 47 种植物类别的数据集，对比分析了 CWT 方法和植被指数方法对叶片含水量的估测精度，结果表明 CWT 方法的估测精度优于植被指数方法。CWT 方法能够同时捕捉到光谱在强度、位置和形状方面的信息，而且其分解得到的高频信号和低频信号可以较好地将光谱曲线的细特征和粗特征进行有效地分离，因而具有很强的光谱识别能力。因此本书采用 CWT 方法对光谱反射率数据进行分析。

CWT 方法通过使用一个母小波函数 $\psi(\lambda)$ 将光谱反射率 $f(\lambda)$（$\lambda=1$，2，$\cdots$，n 为波段数）分解为不同尺度的小波能量系数。小波基计算为

$$\psi_{a,b}(\lambda)=\frac{1}{\sqrt{a}}\psi\left(\frac{\lambda-b}{a}\right) \tag{3.1}$$

式中 λ——光谱曲线的波段数；

       a——伸缩因子，用来定义小波的宽度，正实数；

       b——平移因子，用于确定小波的位置，正实数。

当 $a>1$ 时，$\psi\left(\frac{\lambda}{a}\right)$ 的波长范围大于 $\psi(\lambda)$ 的波长范围，随着 a 值的逐渐增大，

$\varphi\left(\dfrac{\lambda}{a}\right)$ 的波长范围比 $\varphi(\lambda)$ 的波长范围增大的幅度变大，此时小波变换对波长反映的相对较为粗略，而对频率反映的相对较为精细，这与低频情况恰好相互对应；当 $a \leqslant 1$ 时，$\varphi\left(\dfrac{\lambda}{a}\right)$ 的波长范围小于 $\varphi(\lambda)$ 的波长范围，并且随着 a 值的逐渐减小，$\varphi\left(\dfrac{\lambda}{a}\right)$ 的波长范围比 $\varphi(\lambda)$ 的波长范围减小的幅度变小，此时小波变换对频率反映的相对较为粗略，而对波长则反映的相对较为精细。CWT 方法的这些优势正是本书将其用于探测和识别对冬小麦关键生理生化参数敏感光谱信息的依据和原因所在。高光谱反射率数据 $f(\lambda)$ 经 CWT 后可以得到光谱数据不同位置、不同分解尺度上分解得到的小波能量系数：

$$W_f(a_i, b_j) = [f(\lambda), \psi_{a,b}(\lambda)] = \int_{-\infty}^{+\infty} f(\lambda)\psi_{a,b}(\lambda) d_\lambda \tag{3.2}$$

式中　$f(\lambda)$ ——光谱反射率；

$W_f(a_i, b_j)$ ——小波能量系数，$i = 1, 2, \cdots, m$；$j = 1, 2, \cdots, n$。

可以看出小波能量系数为高光谱反射率数据 $f(\lambda)$ 与一族小波基的内积，其可以组成一个包含 i 和 j 两维的小波能量系数图，其中一维为分解尺度（$i = 1, 2, \cdots, m$），另一维为波段（$j = 1, 2, \cdots, n$），小波能量系数图中每一个值为小波能量系数，表示的是伸缩和平移的母小波与反射率光谱之间的相关性。

图 3.1 为经重采样处理的两条实测光谱曲线。对其进行 CWT 处理后可以得到光谱曲线在 18 个尺度上分解的得到的小波特征曲线，如图 3.2 所示。

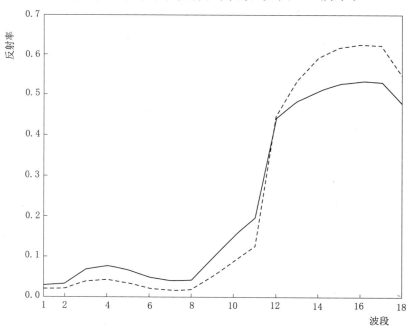

图 3.1　经重采样处理的两条实测光谱曲线

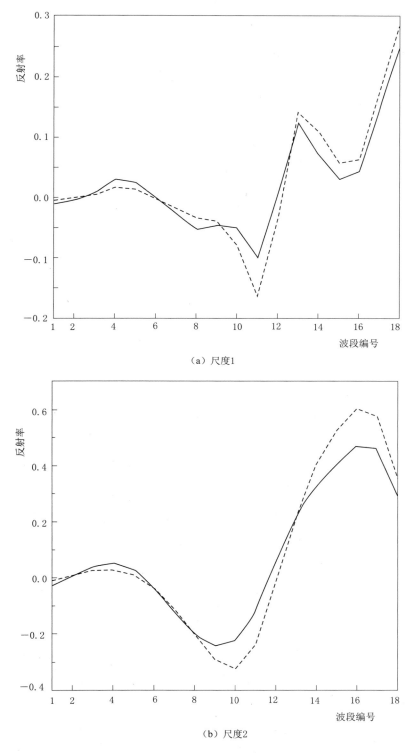

（a）尺度1

（b）尺度2

图 3.2（一） 不同分解尺度的小波特征曲线

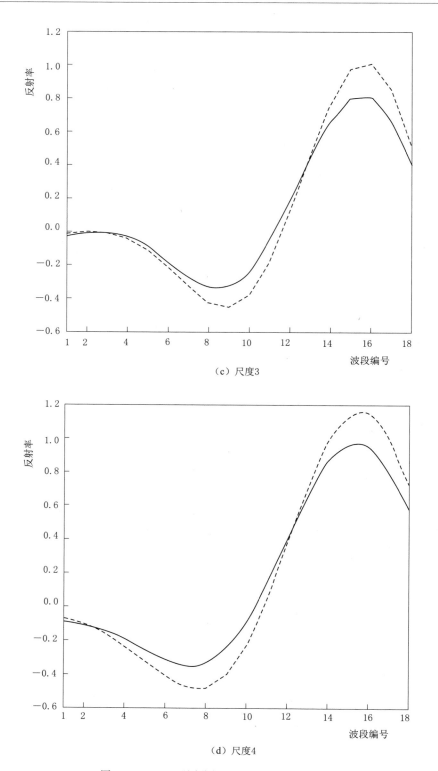

（c）尺度3

（d）尺度4

图 3.2（二）　不同分解尺度的小波特征曲线

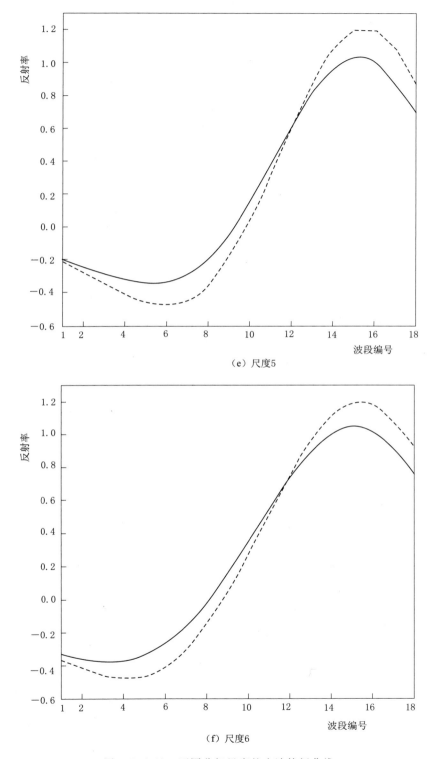

（e）尺度5

（f）尺度6

图 3.2 （三） 不同分解尺度的小波特征曲线

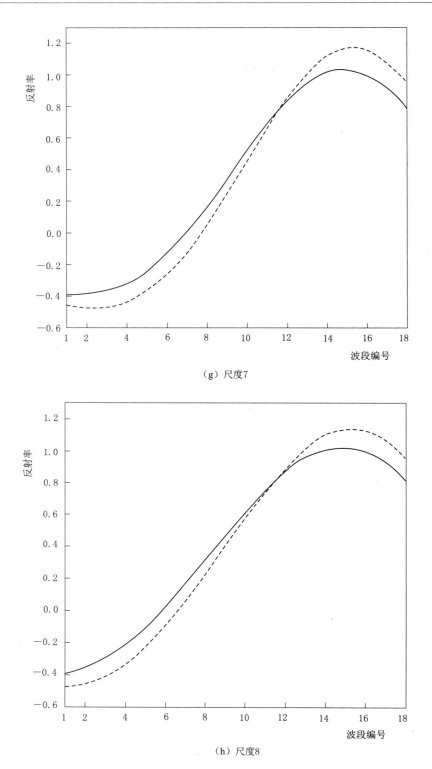

（g）尺度7

（h）尺度8

图 3.2（四） 不同分解尺度的小波特征曲线

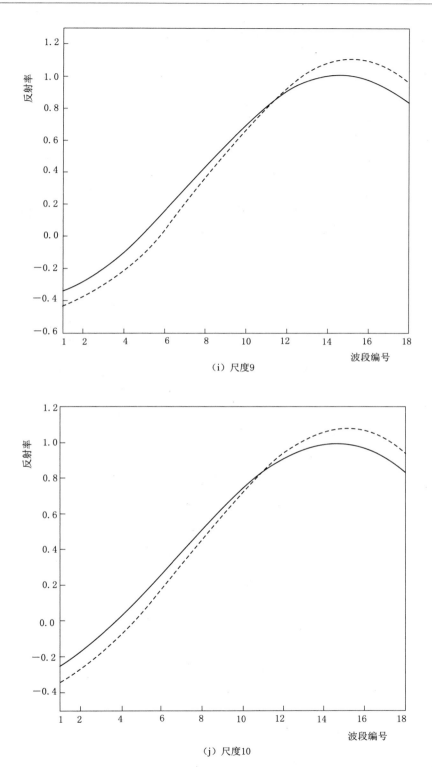

（i）尺度9

（j）尺度10

图 3.2（五） 不同分解尺度的小波特征曲线

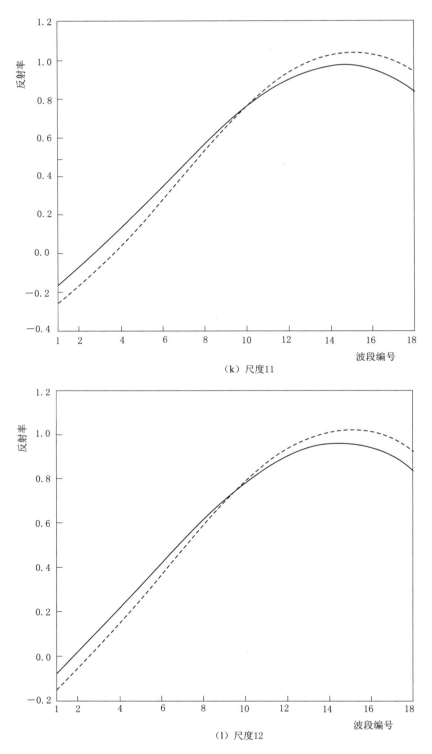

（k）尺度11

（l）尺度12

图 3.2（六）　不同分解尺度的小波特征曲线

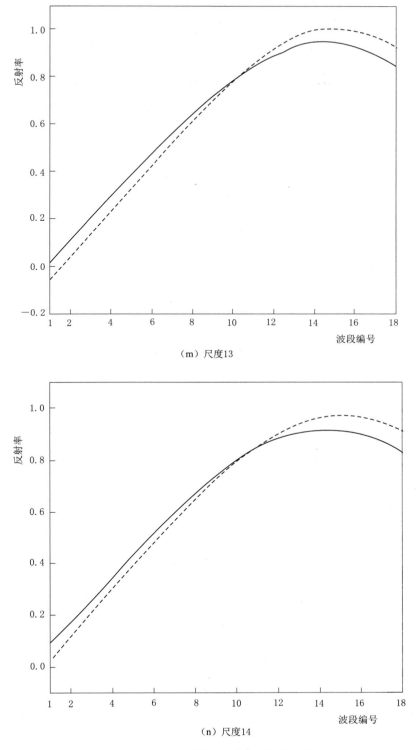

（m）尺度13

（n）尺度14

图 3.2（七） 不同分解尺度的小波特征曲线

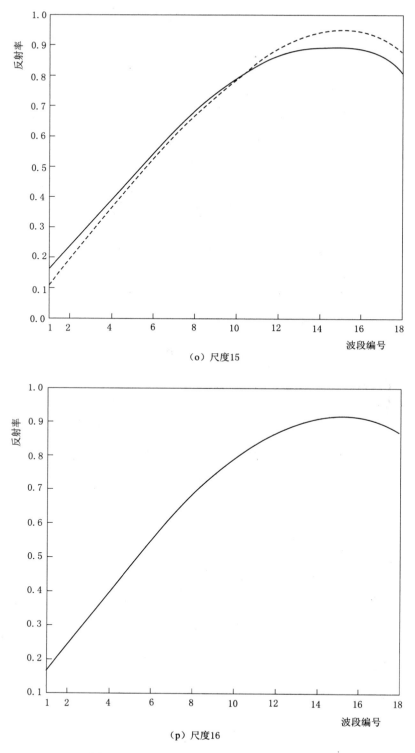

（o）尺度15

（p）尺度16

图 3.2（八）　不同分解尺度的小波特征曲线

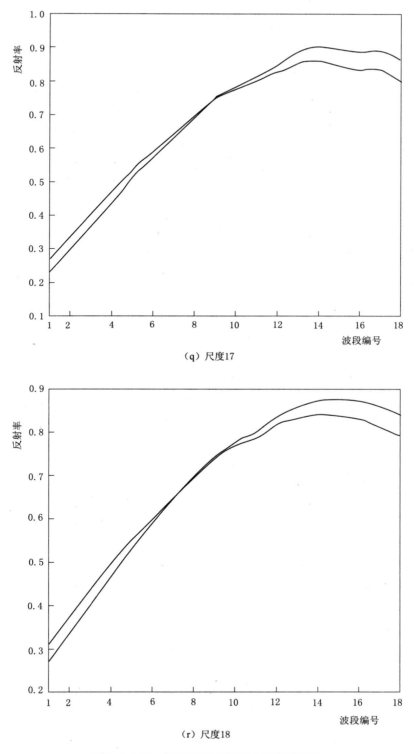

（q）尺度17

（r）尺度18

图 3.2（九） 不同分解尺度的小波特征曲线

对于同一个问题，采用不同的小波基会产生不同的分析结果，因此最佳小波基的确定是 CWT 过程中的一个重要问题。在当前的研究中，常用小波基主要有 haar 小波、db N 小波、mexh 小波和 morlet 小波等。

1. haar 小波

haar 小波是支撑域在 [0，1] 的单个矩形波，计算式为

$$\psi(x)=\begin{cases} 1 & 0 \leqslant x < \dfrac{1}{2} \\ -1 & \dfrac{1}{2} \leqslant x \leqslant 1 \\ 0 & \text{其他} \end{cases} \tag{3.3}$$

haar 小波的计算相对较为简单，但由于其在时域上是不连续的，导致其性能不是特别好。

2. db N 小波

db N 小波是 Daubechies 构造的一系列小波函数的简称，其中 N 为阶数。db N 小波没有对称性，并且没有具体的公式（$N=1$ 除外，db1 小波即为 haar 小波），其小波函数与尺度函数的有效支撑长度均为 $2N-1$。

3. mexh 小波

mexh 小波是 Mexican Hat 小波的表现形式，是 Gauss 函数的二阶导数，由于其没有尺度函数，所以 mexh 小波不具有正交性，其计算式为

$$\psi(x)=\frac{2}{\sqrt{3}}\pi^{-\frac{1}{4}}(1-x^2)e^{-\frac{x^2}{2}} \tag{3.4}$$

mexh 小波在时间域和频率域均能较好地进行局部化，并且满足：

$$\int_{-\infty}^{+\infty}\psi(x)\mathrm{d}x=0 \tag{3.5}$$

4. morlet 小波

morlet 小波是高斯包络下的单频率复正弦函数，其没有尺度函数且是非正交分解，因此其不具有正交性，计算式为

$$\psi(t)=Ce^{-\frac{x^2}{2}}\cos(5x) \tag{3.6}$$

式中 C——归一化常数。

以往研究表明，植物光谱反射率曲线包含有特定的光谱吸收特征，这种吸收特征

与高斯函数，准高斯函数以及多元高斯函数组合特征较为相似。因此本书采用 Gaussian 函数的二阶微分形式，即 mexh 小波作为母小波基对高光谱数据进行 CWT 处理。

3.1.2 LS - SVM

SVM 是由 Vapnik 于 1995 年首次提出的一种基于统计学习理论的机器学习方法。该方法通过结构风险最小化准则寻找一个最小化泛化误差的上界，并利用原始特征空间的核函数取代高维特征空间中的点积运算，大大简化了算法的计算量并提高了模型的运算速度，在模型回归领域具有明显的优势，目前在密度估计、分类和回归分析等领域得到了广泛的应用。

SVM 算法的基本思想是通过一非线性映射函数 $\varphi(x)$ 将一个样本空间（x_i，y_i），$x_i \in R^n$，$y_i \in R$（$i = 1, \cdots, N$）映射到另外一个高维特征空间中，然后在这一高维特征空间中建立最佳的线性回归模型，计算式为

$$f(x) = \omega^T \varphi(x) + b \qquad (3.7)$$

式中　ω——权值矢量；

　　　b——偏置；

　　$\varphi(x)$——将输入样本映射到高维特征空间中的一非线性函数。

在进行回归分析时，SVM 模型需要引入一个损失函数，Vapnik 引入 ε -不敏感损失函数，并将其作为 SVM 模型的损失函数进行线性回归分析，ε -不敏感损失函数的计算式为

$$L_\varepsilon[f(x), y] = \begin{cases} 0 & |f(x) - y| < \varepsilon \\ |f(x) - y| - \varepsilon & \text{其他} \end{cases} \qquad (3.8)$$

为了度量 ε 不敏感带外的训练样本的偏离程度，引入非负的松弛变量 ξ_i 和 ζ_i，则 SVM 优化的目标函数可描述为

$$R = \min \frac{1}{2} \| \omega \|^2 + C \sum_{i=1}^{n} (\xi_i + \zeta_i) \qquad (3.9)$$

$$\text{s. t.} \begin{cases} y_i - \omega\varphi(x) - b \leqslant \varepsilon + \xi_i \\ \omega\varphi(x) + b - y_i \leqslant \varepsilon + \zeta_i \\ \xi_i, \zeta_i \geqslant 0 \end{cases} \qquad (3.10)$$

式中　C——正则化参数。

通过引入拉格朗日乘数，将模型的优化问题转化为对偶问题求解最大化目标函数。

LS-SVM 方法是在传统 SVM 模型的基础上，通过将误差的平方作为模型的损失函数，并将 SVM 算法中的不等式约束条件改为等式约束条件，采用拉格朗日算子求解 LS-SVM 模型的最优化问题，最终实现问题的简化并提高模型的运算效率，其建立的拉格朗日方程为

$$L(w,b,e,\alpha) = J(w,e) - \sum_{i=1}^{N} \alpha_i [w^{\mathrm{T}} \phi(x_i) + b + e_i - y_i] \tag{3.11}$$

式中　α_i——拉格朗日乘数。

通过式（3.12）和式（3.13）实现 LS-SVM 算法的优化，即

$$\min_{w,e} J(w,e) = \frac{1}{2} w^{\mathrm{T}} w + \frac{1}{2} \gamma \sum_{i=1}^{N} e_i^2 \tag{3.12}$$

$$\text{s. t.} \quad y_i = w^{\mathrm{T}} \varphi(x) + b + e_i \tag{3.13}$$

式中　γ——正则化参数，决定着 LS-SVM 模型对误差的敏感性；

　　w——权重矢量；

　　e_i——误差变量。

LS-SVM 模型常用的核函数包括高斯径向基（Radial Basis Function，RBF）核函数、多项式核函数、Sigmoid 核函数以及 B-样条核函数。

（1）高斯径向基核函数。

$$k(x,x_i) = \exp\left(-\frac{\| x - x_i \|^2}{p^2}\right) \tag{3.14}$$

式中　x_i——核函数的中心；

　　p——函数宽度。

（2）多项式核函数。

1）非齐次多项式核函数。

$$K(x,x_i) = [(xx_i) + c]^d \tag{3.15}$$

式中　c——多项式核函数中的参数，$c \geqslant 0$；

　　d——正整数。

2）齐次多项式核函数。

$$K(x,x_i) = (xx_i)^d \tag{3.16}$$

（3）Sigmoid 核函数。

$$K(x,x_i) = \tanh[\kappa(xx_i) + \upsilon] \tag{3.17}$$

其中，$\kappa > 0$，$\upsilon < 0$。这个函数虽然不是正定核，但是在某些实际应用中却非常有效。

（4）B-样条核函数。

$$K(x,x_i) = B_{2p+1}(x - x_i) \tag{3.18}$$

式中 $B_{2p+1}(x)$ ——$2p+1$ 阶 B-样条函数。

以往研究表明，基于 RBF 核函数的 LS-SVM 方法在模型回归方面的性能优于其他几种核函数类型的 LS-SVM 模型，因此本书核函数采用 RBF 径向基核函数。在最优化问题解决后可以得到 LS-SVM 模型的回归函数为

$$f(x) = \sum_{i=1}^{N} \alpha_i K(x, x_i) + b \tag{3.19}$$

LS-SVM 模型由输入层、内积核层和输出层构成，其结构示意图如图 3.3 所示。模型中有两个重要的参数，分别为正则化参数和核参数，这两个参数在很大程度上决定了模型的学习能力、预测能力和泛化能力。

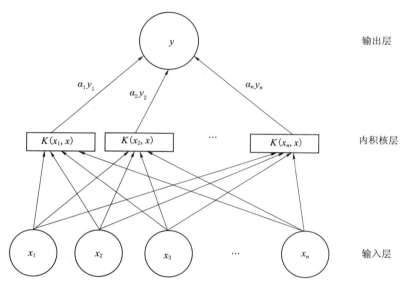

图 3.3 LS-SVM 模型结构示意图

3.1.3 其他几种方法

1. 植被指数法

植被指数法由于原理简单、计算方便，目前在植被 LAI 和 CCC 的反演方面应用十分广泛。为了选取适用于反演冬小麦生理生化参数的植被指数，提高生理生化参数的反演精度，同时便于与构建的其他冬小麦生理生化参数模型进行对比，本书选取 16 个与 LAI 以及 10 个与 CCC 有较好相关性的植被指数分别进行相应的分析。

（1）与 LAI 相关的植被指数。通过对以往的研究成果进行分析，从中选取了 16 个与 LAI 相关性较好的植被指数用于冬小麦 LAI 模型的建立蓝光、绿光、红光和近

红外波段光谱反射率通过对实测光谱数据进行重采样得到。与 LAI 相关的植被指数见表 3.1。

表 3.1　　　　　　　　　　　　　与 LAI 相关的植被指数

植　被　指　数	计　算　式
绿光波段 R_G	利用模拟的 CHRIS 高光谱图像的光谱响应函数与相应波段进行加权
红光波段 R_R	
近红外波段 R_{NIR}	
比值植被指数 SR	$\dfrac{R_{NIR}}{R_R}$
差值植被指数 DVI	$R_{NIR}-R_R$
归一化差值植被指数 NDVI	$\dfrac{R_{NIR}-R_R}{R_{NIR}+R_R}$
修改型比值植被指数 MSR	$\dfrac{R_{NIR}-R_R}{\sqrt{R_{NIR}+R_R}+1}$
绿色归一化差值植被指数 GNDVI	$\dfrac{R_{NIR}-R_G}{R_{NIR}+R_G}$
重归一化植被指数 RDVI	$\dfrac{R_{NIR}-R_R}{\sqrt{R_{NIR}+R_R}}$
光化学反射指数 PRI	$\dfrac{R_{531}-R_{570}}{R_{531}+R_{570}}$
非线性植被指数 NLI	$\dfrac{R_{NIR}^2-R_R}{R_{NIR}^2+R_R}$
增强型植被指数 EVI	$\dfrac{2.5\,(R_{NIR}-R_R)}{R_{NIR}+6R_R-7.5R_B+1}$
二次改进型土壤调节植被指数 MSAVI2	$\dfrac{2R_{NIR}+1-\sqrt{(2R_{NIR}+1)^2-8(R_{NIR}-R_R)}}{2}$
大气阻抗植被指数 ARVI	$\dfrac{R_{NIR}-R_{RB}}{R_{NIR}+R_{RB}}$ $R_{RB}=R_R-\gamma(R_B-R_R),\gamma=1$
优化型土壤调节指数 OSAVI	$\dfrac{R_{NIR}-R_R}{R_{NIR}+R_R+0.16}$
改进的非线性植被指数 MNLI	$\dfrac{1.5(R_{NIR}^2-R_G)}{R_{NIR}^2+R_R+0.5}$

注　R_{NIR}、R_R、R_G、R_B 和 R_i 分别为近红外、红光、绿光、蓝光和第 i 波段的光谱反射率。

　　（2）与 CCC 相关的植被指数。本书选取了 10 种与 CCC 相关性较强的植被指数用于构建冬小麦 CCC 的反演模型，其中红光和近红外波段光谱反射率通过对光谱数据重采样得到。与 CCC 相关的植被指数见表 3.2。

表 3.2   与 CCC 相关的植被指数

植 被 指 数	计 算 式
红边位置指数 REP	$700 + 40 \dfrac{\frac{R_{670} + R_{780}}{2} - R_{700}}{R_{740} - R_{700}}$
修正红边归一化指数 mNDVI$_{705}$	$\dfrac{R_{750} - R_{705}}{R_{750} + R_{705} - 2R_{445}}$
光化学反射指数 PRI	$\dfrac{R_{531} - R_{570}}{R_{531} + R_{570}}$
比值植被指数 SR	$\dfrac{R_{NIR}}{R_R}$
归一化差值植被指数 NDVI	$\dfrac{R_{NIR} - R_R}{R_{NIR} + R_R}$
改进叶绿素吸收反射率指数 TCARI	$3\left[(R_{700} - R_{670}) - \dfrac{0.2(R_{700} - R_{550})R_{700}}{R_{670}} \right]$
归一化色素叶绿素比值指数 NPCI	$\dfrac{R_{680} - R_{430}}{R_{680} + R_{430}}$
绿光叶绿素指数 CHL$_{green}$	$\dfrac{R_{760-800}}{R_{540-560}} - 1$
结构不敏感型色素指数 SIPI	$\dfrac{R_{800} - R_{445}}{R_{800} - R_{680}}$
修正叶绿素吸收反射率指数 MCARI	$\dfrac{(R_{700} - R_{670}) - 0.2(R_{700} - R_{550})}{\frac{R_{700}}{R_{670}}}$

注 R_{NIR}、R_R 和 R_i 分别为近红外、红光和第 i 波段的光谱反射率。

2. 逐步线性回归方法

作为一种多元统计分析方法，逐步线性回归（Stepwise Linear Regression，SLR）方法主要用于建立因变量与多个自变量之间的相关关系，尤其在自变量较多时，该方法能够较好的解决自变量之间的多重共线性问题，目前在回归模型建立以及控制过程中应用较为广泛。SLR 方法的基本思想是"有进有出"。在多元线性回归模型中，逐步回归方法被认为有较好的模型估测能力。该方法通过将因变量与自变量进行线性组合，建立回归方程为

$$y = a_0 + \sum_{i=1}^{N} a_i x_i \tag{3.20}$$

式中 y——冬小麦生理生化参数；

  a_0、a_i——模型系数；

x_i——自变量。

SLR 方法的基本流程如下：

（1）将各自变量分别与因变量进行线性回归分析，选取精度最高的变量建立回归方程，并进行 F 检验。

（2）根据 F 值大小将各自变量逐个引入方程，当原有变量因为新变量的引入而变得不显著时，则将该变量予以剔除，以确保新变量引入前回归方程只包含显著变量。

（3）重复过程（2）直至无不显著的变量引入方程，无不显著变量从方程中剔除为止，进而保证回归子集是"最优"子集。逐步线性回归方法变量入选与剔除的标准：$P \leqslant 0.05$，引入该变量；$P > 0.1$，剔除该变量，最终建立 SLR 方程，当 $0.05 < P \leqslant 0.1$，该变量将被引入、剔除、再引入、再剔除……循环往复，至无穷。

3. 主成分分析法

主成分分析（PCA），也称主分量分析，是由 Hotelling 于 1933 年首次提出，它通过将多个指标综合成少数几个互不相关的综合性指标，这几个综合指标能够集中个体间的差异，进而达到减少指标和删除重复信息的目的。

对于一个样本资料，观测 P 个变量 x_1，x_2，$\cdots$，x_p，n 个样本的数据资料阵为

$$X = \begin{bmatrix} x_{11} & x_{12} & \cdots & x_{1p} \\ x_{21} & x_{22} & \cdots & x_{2p} \\ & & \vdots & \\ x_{n1} & x_{n2} & \cdots & x_{np} \end{bmatrix} = (x_1, x_2, \cdots, x_p) \tag{3.21}$$

其中：$x_j = (x_{1j} \quad x_{2j} \quad \cdots \quad x_{nj})^{\mathrm{T}}$，$j = 1$，2，$\cdots$，$p$。

PCA 是将 p 个观测变量综合成为 p 个综合变量，即

$$\begin{cases} F_1 = a_{11}x_1 + a_{12}x_2 + \cdots + a_{1p}x_p \\ F_2 = a_{21}x_1 + a_{p2}x_2 + \cdots + a_{pp}x_p \\ \qquad\qquad\qquad \vdots \\ F_p = a_{p1}x_1 + a_{p2}x_2 + \cdots + a_{pp}x_p \end{cases} \tag{3.22}$$

可简写为

$$F_j = a_{j1}x_1 + a_{j2}x_2 + \cdots + a_{jp}x_p, j = 1, 2, \cdots, p \tag{3.23}$$

由于能够对原始变量进行上述线性变换，而不同的线性变换得到的综合变量 F 的特性也不相同，为了获得最好的效果，$F_j = a_j x$ 的方差应尽可能大且各 F_i 之间相互独立，因此要求模型满足以下 3 个条件：

（1）F_i，F_j 互不相关（其中 i 不等于 j，i，$j = 1$，2，$\cdots$，p）。

（2）F_1 的方差大于 F_2 的方差大于 F_3 的方差，依次类推。

（3）$a_{k1}^1 + a_{k2}^2 + \cdots + a_{kp}^2 = 1$，$k = 1$，2，$\cdots$，$p$。

于是则称 F_1 为第一主成分，F_2 为第二主成分，并依次类推，a_{ij} 称为主成分系数，则上述模型用矩阵可表示为

$$F = AX \tag{3.24}$$

其中，$F = \begin{bmatrix} F_1 \\ F_2 \\ \vdots \\ F_P \end{bmatrix}$，$X = \begin{bmatrix} x_1 \\ x_2 \\ \vdots \\ x_P \end{bmatrix}$，$A = \begin{bmatrix} a_{11} & a_{12} & \cdots & a_{1p} \\ a_{21} & a_{22} & \cdots & a_{2p} \\ & & \vdots & \\ a_{p1} & a_{p1} & \cdots & a_{pp} \end{bmatrix} = \begin{bmatrix} a_1 \\ a_2 \\ \vdots \\ a_p \end{bmatrix}$

高光谱遥感数据由于相邻波段间有较高的相关性，导致数据中含有大量的数据冗余。PCA 方法采用累积贡献率大于某一值的前几个主成分代替原始光谱信息，进而实现对光谱数据进行有效的压缩和降维处理，达到减少数据冗余的目的。目前 PCA 方法已被广泛应用于植被理化参数估测、高光谱图像的水果质量检测以及农业病虫害定量分析方面的研究。

4. 偏最小二乘回归法

偏最小二乘回归（Partial Least Squares Regression，PLSR）方法是由 Wold 和 Albano 等在 1983 年首次提出的一种多元统计分析方法，是对传统的最小二乘回归方法的一种改进。在普通多元回归分析的基础上，PLSR 方法将 PCA 和典型相关分析的思想进行糅合，在提取绝大部分自变量信息的基础上保证了提取成分与因变量之间的相关性最大，较好地解决了多元自变量之间的共线性问题。类似于线性模型，该方法的目的是构建线性回归模型，即

$$Y = X\beta + \varepsilon \tag{3.25}$$

式中 Y——冬小麦理化参数；

   X——与冬小麦理化参数相关的特征变量矩阵；

   β——系数矩阵；

   ε——残差矩阵。

PLSR 方法以其较好的模型估测能力目前已被广泛应用于光谱分析和建模领域。在模型构建过程中，主成分个数的多少对 PLSR 方法的精度起着非常重要的作用，主成分个数选择过少将无法充分表达原始光谱含有的信息量，如果选择的主成分个数过多，可能会对模型回归分析的趋势产生一定程度的负面影响，进一步影响模型最终的预测精度，因此需要确定模型中所应包含的最佳主成分个数。交叉验证的方法能够较好的确定当模型精度达到最佳时所应包含的主成分个数，通过计算各个主成分个数时模型的预测残差平方和，并将预测残差平方和最小时的主成分个数确定为 PLSR 模型最佳的主成分个数。根据以往的研究结果表明采用交叉验证方法确定的最佳主成分个数是科学合理的。因此，本书采用此方法确定模型最佳主成分个数并防止过度拟合问题。

3.2　数据预处理

3.2.1　光谱数据预处理

1. 五点平滑法

对于野外测量的冠层光谱数据而言，受光谱仪噪声与外界环境条件的影响，野外实测的光谱数据中难免会掺杂有一定的噪声。为了减弱噪声对光谱数据处理以及后续模型建立的影响，需要对冠层光谱数据进行噪声去除处理。根据以往的研究结果表明，5 点加权平滑法采用离中间点距离的远近来赋予权重的大小：离中间点的距离越远，赋予的权重越小；离中间点的距离越近，赋予的权重越大，中间点赋予的权重最大。该方法最大程度地保留了原始的光谱信息，而且有效地去除了数据中含有的随机误差。图 3.4（a）为随机选取的平滑去噪前的原始 3 条光谱曲线，图 3.4（b）为经 5 点平滑去噪后得到的光谱曲线。从图 3.4 中可以看出，该方法去噪效果较好，因此本书采用 5 点加权平滑法对光谱数据进行噪声去除处理。5 点加权平滑法的计算式为

$$R = \frac{\dfrac{R_{i-2}}{4} + \dfrac{R_{i-1}}{2} + \dfrac{R_i}{1} + \dfrac{R_{i+1}}{2} + \dfrac{R_{i+2}}{4}}{2.5} \tag{3.26}$$

式中　　　　　　　　　　R——5 点加权平滑后中间点的光谱反射率；

R_{i-2}、R_{i-1}、R_i、R_{i+1} 和 R_{i+2}——第 $i-2$、$i-1$、i、$i+1$ 和 $i+2$ 波段的原始光谱反射率。

在每个样区周围均匀采集 10 条冠层光谱反射率数据，为了减少野外测量过程中的不确定性，本书首先将其中 2 条波动性较大的光谱数据予以去除，然后将余下的 8 条相近的光谱数据进行平均，将计算所得的平均光谱作为该样区处的冠层光谱数据进行后续的分析处理。

2. CHRIS 高光谱图像的光谱响应函数模拟方法

由于地面光谱数据的光谱分辨率与 CHRIS 高光谱图像的光谱分辨率信息不一致，同时也为后续便于将地面数据建立的冬小麦生理生化参数模型应用于像元尺度的遥感影像上，需要对地面高光谱数据进行重采样处理，使地面高光谱数据与 CHRIS 高光谱图像的波段信息保持一致。现有的一些研究方法是采用中心波长位置处的波段值或

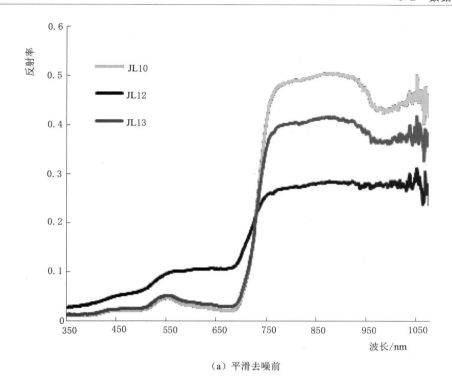

（a）平滑去噪前

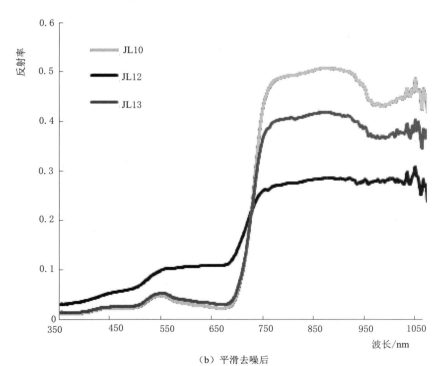

（b）平滑去噪后

图 3.4 冠层光谱平滑去噪前后比对图

者取波段范围内的光谱反射率的平均值作为相应宽波段区域的光谱响应值，然而高光谱传感器的光谱响应函数在中心波长处波段响应值相对较大，但往两侧方向波段响应值逐渐减小，在整个光谱区间内光谱响应曲线近似于一条高斯函数曲线，因此如果直接用中心波长位置处的波段值或者取波段范围内的平均值作为相应宽波段区域的光谱响应值则会出现一定的误差。由于无法获取 CHRIS 高光谱图像精确的光谱响应函数，本书在参考以往研究成果的基础上，采用高斯函数模拟得到 CHRIS 高光谱图像的光谱响应函数。其原理如下：

$$f(\lambda) = \frac{s}{\sqrt{\pi}} e^{-s^2(\lambda_i - \lambda_0)^2} \tag{3.27}$$

$$s = \frac{2\sqrt{\ln 2}}{\Delta} \tag{3.28}$$

式中　λ_0——中心波长；

　　　Δ——CHRIS 高光谱图像的光谱分辨率；

$f(\lambda)$——CHRIS 高光谱图像的光谱响应函数。

图 3.5 为采用高斯函数模拟得到的 CHRIS 高光谱图像的光谱响应函数。

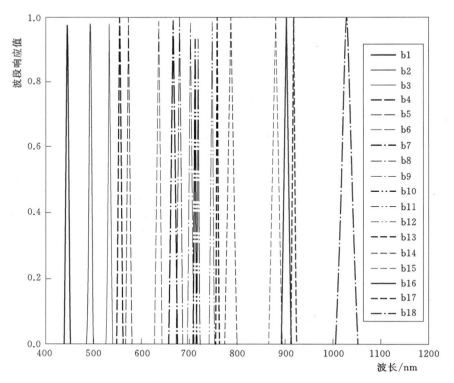

图 3.5　高斯函数模拟得到的 CHRIS 高光谱图像的光谱响应函数

3. 光谱重采样

由于 CHRIS 高光谱图像的光谱范围为 438～1050nm，共有 18 个波段。野外实验采集的冬小麦冠层光谱重采样间隔为 1nm，在 438～1050nm 光谱范围内共有 613 个有效波段。为了使地面光谱数据的分辨率与 CHRIS 高光谱图像的光谱分辨率保持一致，并为后期将建立的冬小麦生理生化参数模型应用于 CHRIS 高光谱图像上，得到大区域范围内冬小麦关键生理生化参数分布图，为此利用模拟的 CHRIS 高光谱图像的光谱响应函数，通过光谱重采样方法将野外实验采集的冠层光谱数据重采样到 CHRIS 高光谱图像的 18 个波段上，光谱重采样计算式为

$$R(\lambda_i) = \frac{\sum\limits_{\lambda_i=b_{start}}^{\lambda_i=b_{end}} f(\lambda_i) r(\lambda_i)}{\sum\limits_{\lambda_i=b_{start}}^{\lambda_i=b_{end}} f(\lambda_i)} \tag{3.29}$$

式中　　λ——波长；

$R(\lambda)$——重采样到某传感器 λ_i 的光谱反射率；

b_{start}、b_{end}——某波段的起始波长和终止波长；

$r(\lambda_i)$——λ_i 的光谱反射率。

为地面光谱重采样到 CHRIS 高光谱图像 18 个波段的变量描述性统计分析表见表 3.3。

表 3.3　　　　　　　　　　变量描述性统计分析表　($n=144$)

波段	个数	最小值	最大值	平均值	标准差
b1	144	0.01	0.04	0.02	0.01
b2	144	0.01	0.05	0.02	0.01
b3	144	0.02	0.08	0.04	0.01
b4	144	0.02	0.09	0.04	0.01
b5	144	0.02	0.09	0.04	0.01
b6	144	0.01	0.09	0.03	0.01
b7	144	0.01	0.08	0.02	0.01
b8	144	0.01	0.08	0.02	0.01
b9	144	0.03	0.12	0.05	0.02
b10	144	0.05	0.15	0.08	0.02
b11	144	0.06	0.17	0.10	0.02
b12	144	0.20	0.44	0.30	0.05
b13	144	0.21	0.53	0.35	0.06
b14	144	0.22	0.59	0.39	0.07
b15	144	0.24	0.61	0.40	0.07
b16	144	0.24	0.61	0.40	0.07

波段	个数	最小值	最大值	平均值	标准差
b17	144	0.24	0.60	0.39	0.07
b18	144	0.21	0.56	0.36	0.07

3.2.2　CHRIS 高光谱图像预处理

1. 条带噪声去除

CHRIS 高光谱图像主要有两种噪声：一种是由于图像异常像素引起的随机噪声，对于随机噪声的去除，可以采用异常像素邻域的信息进行处理；另一种噪声是传感器成像时产生的条带噪声，产生的原因是由于 CHRIS 传感器 CCD 光学性质的不同而导致光谱响应函数不同，同时由于遥感平台的在轨运动使得 CHRIS 传感器的光学元件排列受热扰动的影响而容易产生一些微小差异，最终使得 CHRIS 高光谱图像上水平和垂直两种条带噪声同时存在，如图 3.6（a）所示。因此，CHRIS 高光谱图像在大气校正前需要去条带处理。国内外学者在此方面已做了相关的研究，Mannhemi 和 Barducci 等分别采用校正因子法和比值法去除了 CHRIS 高光谱图像的条带噪声；王明常和董广香等分别采用滤波和迭代拟合的方法对 CHRIS 高光谱图像条带噪声进行去除，去噪后的 CHRIS 高光谱图像在视觉效果和灰度值方面都取得了较好的结果。上述噪声去除方法虽然去噪效果较好，但是需要在掌握噪声机理的基础上进行，实现难度相对较大。盖利亚、李新辉和王李娟等采用欧空局提供的 HDFclean 软件较好地去除了 CHRIS 高光谱图像的条带噪声。因此，本书采用 HDFclean 软件对 CHRIS 高光谱图像进行去条带处理。图 3.6 为 CHRIS 高光谱图像条带噪声去除前后对比图，从中可以看出条带噪声得到了较好的去除，噪声去除效果较好。

2. 大气校正

传感器接收地面辐射经历了从辐射源→大气层→地球表面→探测器的过程，在此过程中，受传感器自身、地形、大气条件以及太阳高度等因素的影响使得传感器接收的辐射与地物实际辐射之间存在有一定的差异。因此，需要对获取的 CHRIS 高光谱图像进行大气校正处理，目前大气校正模型主要分为统计模型法和大气辐射传输法。大气辐射传输法模型精度较高，但需要较多的输入参数且部分参数不易获取；统计模型法需要的参数较少，并且原理简单、计算方便。常用的统计模型方法主要有平场域法、对数残差法、内部平均法以及经验线性校正法（Empirical Line Calibration，ELC）。其中，ELC 方法在目前大气校正的统计模型方法中应用较广，目前该方法已

（a）去条带前

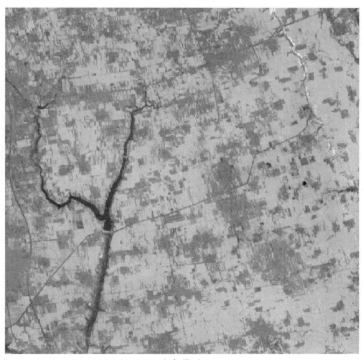

（b）去条带后

图 3.6 CHRIS 高光谱图像条带去除前后对比图

在 Hyperion、CASI 以及 PHI 影像的大气校正中取得了较好的结果，但采用 ELC 方法对 CHRIS 高光谱图像进行大气校正的研究目前还相对较少，因此本书采用此方法对 CHRIS 高光谱图像进行大气校正。

ELC 方法假定影像 DN 值与光谱反射率之间满足某种线性关系进而建立统计关系模型，然后将影像 DN 值转化为反射率。该方法要求测定反射率差异较大且尽可能均一的目标物体。目标物选取的要求为①足够大；②近乎朗伯体；③没有植被覆盖，如沙滩、水泥路面等亮目标以及水体等暗目标等。ELC 方法原理简单、计算方便，但需要实测目标物光谱以及影像上对应区域的 DN 值，进而通过线性回归方法将波段的 DN 值转化为反射率，计算式为

$$ref_b(i) = A_b DN_b(i) + B_b \qquad (3.30)$$

式中　$DN_b(i)$ ——波段 b 第 i 个像元的 DN 值；

$\quad\quad ref_b(i)$ ——波段 b 第 i 个像元的反射率值；

$\quad\quad A_b$ ——影响 $DN_b(i)$ 值的倍增项；

$\quad\quad B_b$ ——加性因子。

ELC 方法的流程如下：

（1）亮、暗目标选取。水泥路面和湖水满足目标物选取的 3 个条件，因此本书选取影像覆盖范围内的水泥路面和湖水分别作为研究中的亮、暗目标，如图 3.7 所示。

（a）水泥路面

图 3.7（一）　亮、暗目标选取

(b) 湖水

图 3.7（二） 亮、暗目标选取

（2）目标物光谱测量。利用 ASD FieldSpec FR 地物光谱仪，分别采集水泥路面和湖水光谱各 20 条，取其均值作为目标物光谱。

（3）目标物光谱重采样。由于 CHRIS 高光谱图像波段数与 ASD 地物光谱的波段数不一致，需要将地面光谱重采样到 CHRIS 高光谱图像相应波段。本书采用模拟的 CHRIS 高光谱图像光谱响应函数将目标物光谱重采样至与 CHRIS 高光谱图像波段一致，重采样前后目标物光谱如图 3.8 所示。

（4）影像经验线性校正。将目标物的光谱反射率值和影像上对应区域的 DN 值进行回归分析，建立影像经验线性校正模型，利用此模型对 CHRIS 高光谱图像进行大气校正，然后对影像进行毛刺噪声去除处理，得到经验线性校正后的 CHRIS 高光谱图像（图 3.9）。

（5）经验校正精度检验。采用同期测量的冬小麦冠层光谱对经验线性校正的精度进行检验。为了检验 ELC 的精度，本书采用实测的冬小麦冠层光谱对 ELC 的精度进行检验，利用 GPS 坐标提取影像上相应区域的光谱曲线。冬小麦实测与 ELC 光谱曲线对比及误差分布图，如图 3.10 所示。

从图 3.10 中可以看出，ELC 方法校正曲线的形状和特征与实测的冬小麦冠层光谱曲线基本一致，实测光谱与经验校正光谱在各波段上的绝对误差均小于 5%，可以用于后续的分析。

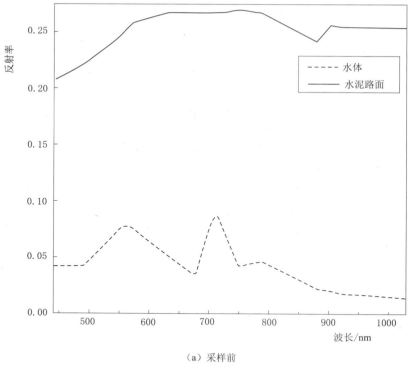

（a）采样前

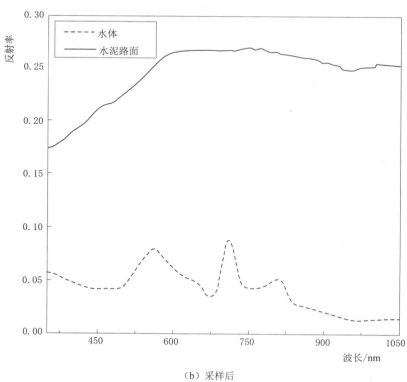

（b）采样后

图 3.8 重采样前后目标物光谱

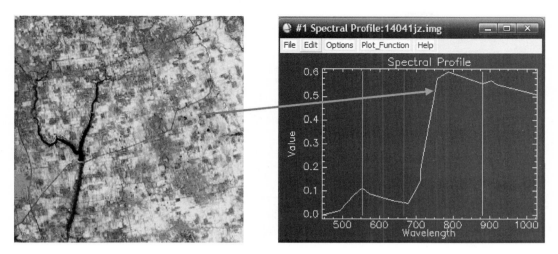

图 3.9 经验线性校正后的 CHRIS 高光谱图像

3. 几何校正

对于 CHRIS 高光谱图像的几何校正，利用野外实验中采集的地面控制点坐标对 2014 年 3 月同期的高分一号多光谱图像（空间分辨率为 8 m）进行校正，其校正误差

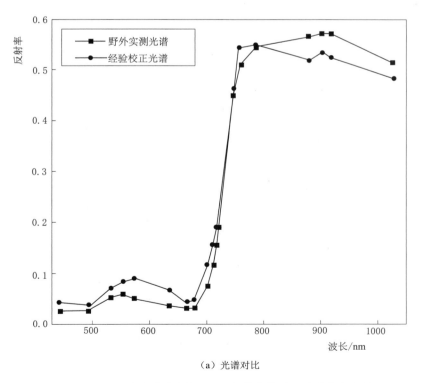

（a）光谱对比

图 3.10（一） 冬小麦实测与 ELC 光谱曲线对比及误差分布图

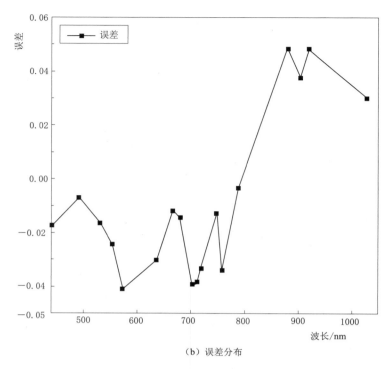

（b）误差分布

图 3.10（二）　冬小麦实测与 ELC 光谱曲线对比及误差分布图

小于 0.5 个像素，然后将此高分一号图像作为基准影像，CHRIS 高光谱图像作为待校正影像进行几何校正，采用人机交互的方式在两种图像上选取道路交叉口等明显地物点作为同名点，共选取 26 个同名点，基于双线性内插法对 CHRIS 高光谱图像进行几何精校正，图像校正误差小于 0.5 个像素，CHRIS 高光谱图像几何校正前后对比图如图 3.11 所示。

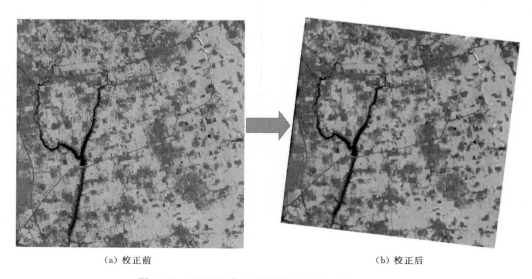

（a）校正前　　　　　　　　　　　　　　　　　（b）校正后

　　　　　　　　图 3.11　CHRIS 高光谱图像几何校正前后对比图

3.3 模型检验方法

为了对构建的冬小麦生理生化参数模型进行精度评定并相互比较，本书采用决定系数（R^2）和均方根误差（$RMSE$）作为模型精度评定指标，并对模型估测值和实测值进行相关性分析，R^2 和 $RMSE$ 计算式为

$$R^2 = 1 - \frac{\sum_{i=1}^{n}(y_{mod} - y_{mea})^2}{\sum_{i=1}^{n}(y_{mod} - y_{ave})^2} \tag{3.31}$$

$$RMSE = \sqrt{\frac{1}{n}\sum_{i=1}^{n}(y_{mod} - y_{mea})^2} \tag{3.32}$$

式中　y_{mod}——模型估测值；

　　　y_{mea}——实测值；

　　　y_{ave}——平均值。

R^2 和 $RMSE$ 可以较好的表现出模型估测值和实测值之间的拟合程度，R^2 值越大，$RMSE$ 值越小，则模型估测值和实测值相差越小，模型精度越高。

3.4 本章小结

本章主要讨论了冬小麦 LAI 和 CCC 反演过程中采用的研究方法以及数据预处理工作。阐述了冬小麦 LAI 和 CCC 模型建立过程中采用的 CWT 方法、LS - SVM 方法、植被指数法、PCA、逐步线性回归法以及 PLSR 方法的原理及其在模型回归方面的优势；实现了对光谱数据的噪声去除、光谱重采样处理以及对 CHRIS 高光谱图像条带噪声去除、经验线性校正以及几何校正等预处理工作，最后阐述了模型精度评定方法，为后续冬小麦 LAI 和 CCC 光谱特征提取以及模型建立奠定基础。

第 4 章

冬小麦LAI与CCC的
光谱特征提取

4.1 冠层光谱与 LAI 和 CCC 的相关性分析

4.1.1 冠层光谱与 LAI 的相关性分析

将冠层光谱重采样后得到的 18 个波段分别与冬小麦 LAI 进行相关性分析，如图 4.1 所示。从中可以看出，冬小麦 LAI 与第 14～第 16 波段处的冠层光谱呈正相关关系，但相关系数均相对较低，在其余波段处与冬小麦 LAI 均呈负相关关系，其中在第 1～第 11 波段处，冬小麦 LAI 与冠层光谱之间的相关系数均达到了 0.01 的显著性水平，而且在第 11 波段处冬小麦 LAI 与冠层光谱之间的相关系数达到最大，为 0.54。

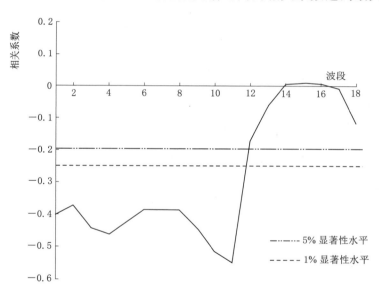

图 4.1　冠层光谱与 LAI 相关性分析图（$n=106$）

4.1.2 冠层光谱与 CCC 的相关性分析

将重采样得到的冠层光谱与冬小麦 CCC 进行相关性分析，结果如图 4.2 所示。可以看出，在 CHRIS 高光谱图像的光谱范围内，冠层光谱与冬小麦 CCC 的相关系数总体上呈现由负相关变为正相关的趋势，从第 1～第 11 波段，冬小麦 CCC 与冠层光谱呈负相关关系，并且两者的相关系数达到了 0.01 的显著性水平，其中在第 10 波段和第 11 波段处，冬小麦 CCC 与冠层光谱的相关系数达到最大，均为 0.47；从第 12～

第 18 波段，冬小麦 CCC 与冠层光谱均呈正相关关系，其中在第 15 波段和第 16 波段处，冬小麦 CCC 与冠层光谱的相关性达到 0.05 的显著性水平。

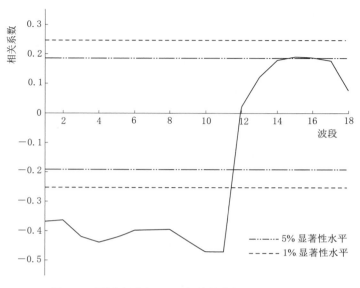

图 4.2　冠层光谱与 CCC 相关性分析图（$n=106$）

4.2　植被指数与 LAI 和 CCC 的相关性分析

4.2.1　植被指数与 LAI 的相关性分析

1. 冠层植被指数与 LAI 的相关性分析

杨凌野外实验数据包含了冬小麦拔节期和灌浆期，由于部分植被指数容易受冬小麦生育期影响，因此为了选取对拔节期和灌浆期冬小麦 LAI 均较为敏感的植被指数，需要将植被指数与冬小麦 LAI 在不同生育期分别进行相关性分析。表 4.1 为冬小麦冠层植被指数与 LAI 的相关性分析表。

由表 4.1 可知，在拔节期和灌浆期，各植被指数与冬小麦 LAI 的相关性均达到了 0.01 的显著性水平。其中，在拔节期，各植被指数与冬小麦 LAI 的相关系数介于 0.46～0.72。修改型比值植被指数（MSR）和光化学反射指数（PRI）与冬小麦 LAI 的相关性最高；其次为 NLI 和 ARVI，R_R 和 R_G 与冬小麦 LAI 的相关性最低。在灌浆期，各植被指数与冬小麦 LAI 的相关系数介于 0.46～0.78。其中，NDVI、MSR、GNDVI 以及 PRI 等与冬小麦 LAI 的相关性最高，其次为 R_G、R_R、SR、RDVI、NLI、

表 4.1   冠层植被指数与冬小麦 **LAI** 的相关性分析表 ($n=106$)

植被指数	拔节期 ($n=30$)	灌浆期 ($n=76$)	2 个生育期 ($n=106$)
R_G	−0.46 ∗ ∗	−0.66 ∗ ∗	−0.46 ∗ ∗
R_R	−0.56 ∗ ∗	−0.68 ∗ ∗	−0.39 ∗ ∗
R_{NIR}	0.56 ∗ ∗	0.46 ∗ ∗	0.01
SR	0.65 ∗ ∗	0.73 ∗ ∗	0.37 ∗ ∗
DVI	0.59 ∗ ∗	0.58 ∗ ∗	0.07
NDVI	0.59 ∗ ∗	0.78 ∗ ∗	0.37 ∗ ∗
MSR	0.72 ∗ ∗	0.78 ∗ ∗	0.59 ∗ ∗
GNDVI	0.67 ∗ ∗	0.77 ∗ ∗	0.39 ∗ ∗
RDVI	0.63 ∗ ∗	0.69 ∗ ∗	0.16
PRI	0.70 ∗ ∗	0.76 ∗ ∗	0.26 ∗ ∗
NLI	0.69 ∗ ∗	0.75 ∗ ∗	0.33 ∗ ∗
EVI	0.62 ∗ ∗	0.64 ∗ ∗	0.13
MSAVI2	0.66 ∗ ∗	0.68 ∗ ∗	0.14
ARVI	0.69 ∗ ∗	0.73 ∗ ∗	0.37 ∗ ∗
OSAVI	0.67 ∗ ∗	0.73 ∗ ∗	0.24 ∗
MNLI	0.62 ∗ ∗	0.66 ∗ ∗	0.12

注   ∗、∗ ∗ 分别表示相关性达到 0.05 和 0.01 的显著性水平。$r_{0.05}(28)=0.36$，$r_{0.01}(28)=0.46$，$r_{0.05}(74)=0.23$，$r_{0.01}(74)=0.29$，$r_{0.05}(104)=0.19$，$r_{0.01}(104)=0.25$。

EVI、MSAVI2、ARVI、OSAVI 和 MNLI；R_{NIR} 和 DVI 与冬小麦 LAI 的相关性最低。

将拔节期、灌浆期和两个生育期植被指数分别与 LAI 相关性分析，并将分析结果绘制成图，结果如图 4.3 所示。

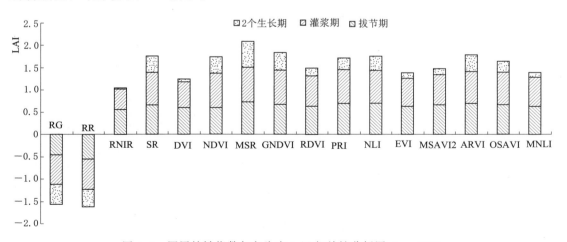

图 4.3   冠层植被指数与冬小麦 LAI 相关性分析图 ($n=106$)

从图中可以看出：当将两个生育期综合考虑时，各植被指数与冬小麦 LAI 的相关性明显降低，其中 R_G、R_R、SR、NDVI、MSR、GNDVI、PRI、NLI 和 ARVI 与冬小麦 LAI 的相关性达到 0.01 的显著性水平；OSAVI 与冬小麦 LAI 的相关性达到 0.05 的显著性水平；其余各植被指数与冬小麦 LAI 的相关性较低。这一结果表明植被指数方法在估测不同生育期冬小麦 LAI 时需考虑生育期的影响，但部分植被指数，如 R_G、R_R、SR、NDVI、MSR、GNDVI、NLI 以及 ARVI 在两个生育期与冬小麦 LAI 的相关性达到 0.01 的显著性水平，这些植被指数对不同生育期冬小麦 LAI 有一定的适应性。

2. 像元尺度植被指数与 LAI 的相关性分析

为了将构建的冬小麦 LAI 模型更好地应用于大区域范围的遥感影像上，需要分析像元尺度植被指数与冬小麦 LAI 之间的相关性，找出在像元尺度上对 LAI 敏感性较高的植被指数。表 4.2 为像元尺度植被指数与冬小麦 LAI 的相关性分析表。图 4.4 为像元尺度植被指数与冬小麦 LAI 的相关性分析图。

表 4.2　　　　　像元尺度植被指数与冬小麦 LAI 的相关性分析表 ($n=38$)

植被指数	相关系数	植被指数	相关系数
R_G	−0.17	RDVI	0.42 * *
R_R	−0.32 *	PRI	0.28
R_{NIR}	0.40 *	NLI	0.46 * *
SR	0.45 * *	EVI	0.40 *
DVI	0.46 * *	MSAVI2	0.42 * *
NDVI	0.33 *	ARVI	0.43 * *
MSR	0.48 * *	OSAVI	0.39 *
GNDVI	0.37 *	MNLI	0.38 *

注　* 和 * * 分别表示相关性达到 0.05 和 0.01 的显著性水平。$r_{0.05}(36)=0.32$，$r_{0.01}(36)=0.41$.

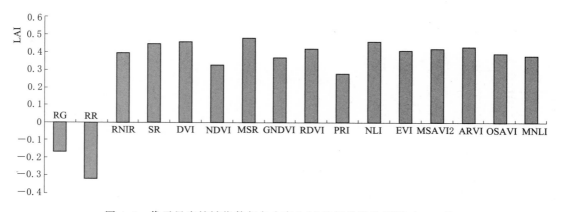

图 4.4　像元尺度植被指数与冬小麦 LAI 的相关性分析图 ($n=38$)

由表 4.2 和图 4.4 可以看出，在像元尺度上，植被指数与冬小麦 LAI 之间的相关性介于 0.17～0.48，其中植被指数 SR、DVI、MSR、RDVI、NLI、MSAVI2 以及 ARVI 与 LAI 的相关性达到 0.01 的显著性水平；R_R、R_{NIR}、NDVI、GNDVI、EVI、OSAVI 以及 MNLI 与 LAI 的相关性达到 0.05 的显著性水平；R_G 和 PRI 与冬小麦 LAI 的相关性最低。可以看出，植被指数方法在应用到影像尺度上时，各植被指数与冬小麦 LAI 的相关性均有所降低。通过上述分析，本书选取植被指数 MSR、SR、NLI 以及 ARVI 用于构建冬小麦 LAI 的植被指数模型。

4.2.2 植被指数与冬小麦 CCC 的相关性分析

1. 冠层植被指数与 CCC 的相关性分析

本书将选取 10 个冠层植被指数与冬小麦 CCC 进行相关性分析，分析结果见表 4.3。

表 4.3　　　冠层植被指数与冬小麦 CCC 的相关性分析表（$n=106$）

植被指数	拔节期（$n=30$）	灌浆期（$n=76$）	两个生长期（$n=106$）
REP	0.75＊＊	0.74＊＊	0.64＊＊
mNDVI₇₀₅	0.72＊＊	0.67＊＊	0.48＊＊
PRI	0.71＊＊	0.64＊＊	0.42＊＊
SR	0.62＊＊	0.62＊＊	0.35＊＊
NDVI	0.66＊＊	0.62＊＊	0.46＊＊
TCARI	−0.27	−0.49＊＊	−0.45＊＊
NPCI	−0.70＊＊	−0.68＊＊	−0.42＊＊
CHL_green	0.69＊＊	0.67＊＊	0.47＊＊
SIPI	−0.58＊＊	−0.58＊＊	−0.44＊＊
MCARI	−0.57＊＊	−0.58＊＊	−0.47＊＊

注　＊＊表示相关性达到 0.01 的显著性水平。$r_{0.05}(28)=0.36$，$r_{0.01}(28)=0.46$，$r_{0.05}(74)=0.23$，$r_{0.01}(74)=0.29$，$r_{0.05}(104)=0.19$，$r_{0.01}(104)=0.25$。

由表中结果可知，在拔节期，除 TCARI 与冬小麦 CCC 的相关性未达到 0.05 的显著性水平以外，其余各植被指数与冬小麦 CCC 的相关性均达到 0.01 的显著性水平，其中 REP、mNDVI₇₀₅、PRI 以及 NPCI 与冬小麦 CCC 的相关性较高；在灌浆期，10 个冠层植被指数与冬小麦 CCC 的相关性均达到了 0.01 的显著性水平，其中 REP、NPCI、CHL_green 以及 mNDVI₇₀₅ 与冬小麦 CCC 的相关性较高。

冠层植被指数与冬小麦 CCC 进行相关性分析，并将分析结果绘制成图，结果如图 4.5 所示。

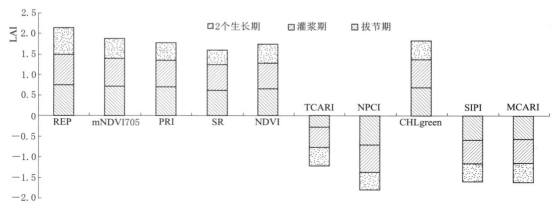

图 4.5　冠层植被指数与冬小麦 CCC 相关性分析图（$n=106$）

当对两个生育期进行综合考虑时，选取的冠层植被指数与冬小麦 CCC 的相关性均达到了 0.01 的显著性水平，其中 REP、mNDVI$_{705}$、CHL$_{green}$ 以及 MCARI 与冬小麦 CCC 的相关性最高。

2. 像元尺度植被指数与 CCC 的相关性分析

像元尺度植被指数与冬小麦 CCC 的相关性分析，见表 4.4。图 4.6 为像元尺度植被指数与冬小麦 CCC 的相关性分析图。

表 4.4　　　　　像元尺度植被指数与冬小麦 CCC 的相关性分析表（$n=38$）

植被指数	相关系数	植被指数	相关系数
REP	0.53 * *	TCARI	0.18
mNDVI$_{705}$	0.49 * *	NPCI	-0.42 * *
PRI	0.33 *	CHL$_{green}$	0.43 * *
SR	0.51 * *	SIPI	-0.44 * *
NDVI	0.39 *	MCARI	-0.57 * *

注　* 、* * 分别表示相关性达到 0.05 和 0.01 的显著性水平。$r_{0.05}(36)=0.32$，$r_{0.01}(36)=0.41$。

由表 4.4 和图 4.6 可知，在像元尺度上，植被指数 REP、mNDVI$_{705}$、SR、NPCI、SIPI、CHL$_{green}$ 和 MCARI 与冬小麦 CCC 之间的相关性均达到了 0.01 的显著性水平，其相关系数介于为 0.42～0.57，其中 REP、SR 和 MCARI 与冬小麦 CCC 的相关性最高，其相关系数分别为 0.53、0.51 和 0.57；植被指数 PRI 以及 NDVI 分别与冬小麦 CCC 的相关性达到了 0.05 的显著性水平，其相关系数分别为 0.33 和 0.39；

4.3 光谱数据主成分分析

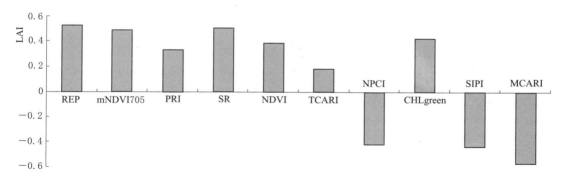

图 4.6 像元尺度植被指数与冬小麦 CCC 的相关性分析图 ($n=38$)

植被指数 TCARI 与冬小麦 CCC 的相关性最低,没有达到 0.05 的显著性水平。与冠层植被指数与 CCC 的相关性相比,像元尺度各植被指数与 CCC 的相关性均有所降低,综合表 4.3 和 4.4 可知,冠层和像元尺度上植被指数 REP、mNDVI$_{705}$、SR、NPCI、SIPI、CHL$_{green}$ 和 MCARI 与冬小麦 CCC 的相关性均达到了 0.01 的显著性水平,因此本书采用上述植被指数构建冬小麦 CCC 的植被指数模型。

4.3 光谱数据主成分分析

高光谱遥感数据量大,相邻波段间冗余信息多。光谱数据主成分分析 PCA 方法能够对高光谱信息进行有效的综合,在提取尽可能多原始光谱信息的基础上实现对光谱数据进行有效的压缩和降维处理,目前该方法已广泛应用于高光谱遥感领域。本书将重采样后的校正集样本光谱数据作为一个整体,对其进行 PCA 处理,主成分个数的选择是将特征值与 1 进行比较确定,如果特征值大于 1 则选择该主成分,如果特征值小于 1 则舍去该主成分。表 4.5 为光谱数据主成分分析表。图 4.7 为光谱数据主成分分析结果图。

由表 4.5 和图 4.7 可以得出,光谱数据经 PCA 后,前两个主成分(Principal Component,PC)的累积方差贡献率已经达到 98.275%,也就是说前两个主成分已经可以解释原始光谱波段 98.275% 的有效信息。其中,第一主成分 PC1 的方差贡献率为 62.705%,第二主成分 PC2 的方差贡献率为 35.570%。因此,根据主成分个数的选取原则,本书选取前两个主成分代替原始的光谱信息并利用其进行后续冬小麦 LAI 和 CCC 模型的构建。对于像元光谱主成分的提取,基于冠层光谱 PCA 后得到的主成分系数,将像元光谱数据带入冠层光谱的主成分系数中即可计算得到像元光谱的主成分信息。

表 4.5　　　　　　　　　　　　光 谱 数 据 PCA 表

主成分	特征值	方差百分比	累计方差百分比
PC1	11.287	62.705	62.705
PC2	6.403	35.570	98.275
PC3	0.175	0.970	99.245
PC4	0.094	0.521	99.766
PC5	0.020	0.110	99.877
PC6	0.011	0.059	99.935
PC7	0.009	0.048	99.983
PC8	0.001	0.007	99.990
PC9	0.001	0.004	99.994
PC10	0.000	0.002	99.996
PC11	0.000	0.002	99.998
PC12	0.000	0.001	99.999
PC13	8.810×10^{-5}	0.000	99.999
PC14	4.330×10^{-5}	0.000	100.000
PC15	3.860×10^{-5}	0.000	100.000
PC16	2.080×10^{-5}	0.000	100.000
PC17	1.586×10^{-5}	8.813×10^{-5}	100.000
PC18	1.291×10^{-5}	7.174×10^{-5}	100.000

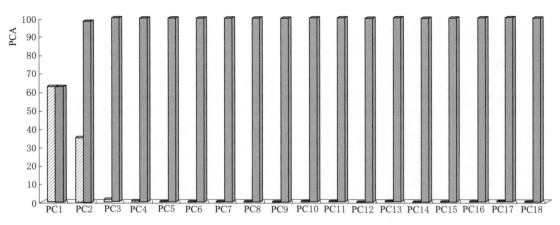

图 4.7　光谱数据 PCA 结果图

4.4　小波特征提取

　　首先对重采样后的冠层光谱数据进行 CWT 处理，进而得到不同分解尺度的小波能量系数，之后将其与冬小麦 LAI 进行相关系数计算，得到小波能量系数与冬小麦 LAI 之间的相关系数图，最后通过设定一定的阈值进而提取出对冬小麦 LAI 相关性最高的小波特征，小波特征提取流程如图 4.8 所示。

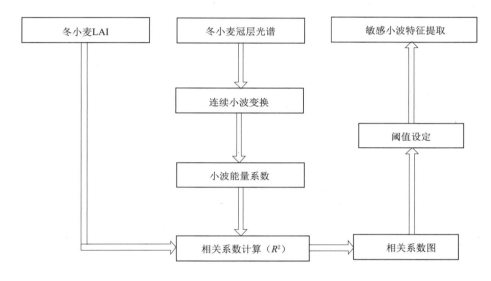

图 4.8　小波特征提取流程

4.4.1　光谱数据 CWT

　　冠层光谱在进行 CWT 时，由于不同的小波基会产生不同的分析结果，因此小波基的选择是 CWT 过程中的一个重要问题，本书采用 Gaussian 函数的二阶微分形式也即 Mexican Hat 小波作为母小波基对冠层光谱进行 CWT 处理。由于重采样后的冠层光谱有 18 个波段，为了对不同分解尺度的小波特征进行分析，本书采用 "Step by Step Mode" 的尺度分解形式，将冠层光谱在 18 个分解尺度上进行分解，最大分解尺度为 18 的主要原因是由于光谱数据经重采样后有 18 个波段，更大分解尺度的小波能量系数已基本不含有对植被生理生化参数有用的光谱信息，因此这里最大分解尺度选取为 18，之后对光谱数据在 18 个尺度上进行 CWT 处理。

4.4.2　LAI 敏感小波特征提取

在得到不同分解尺度的小波能量系数后，基于模型校正集样本分别计算各分解尺度、各波长位置处的小波能量系数与冬小麦 LAI 的相关系数，但由于相关系数有正有负，不便于相关性的比较分析，为此本书将相关系数进行平方，利用相关系数（R^2）进行相关性分析，通过对 R^2 按照由小到大的顺序进行排序并统计各 R^2 值出现的频数，得到小波能量系数与冬小麦 LAI 的相关系数平方（R^2）频率分布图（图 4.9）。

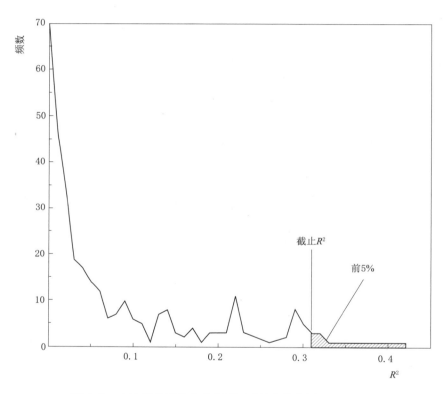

图 4.9　小波能量系数与 LAI 的 R^2 频率分布图 （$n = 106$）

为了提取出对冬小麦 LAI 最为敏感的小波特征信息，本书在借鉴以往植被冠层含水量以及农业病虫害监测等研究成果的基础上，通过对 R^2 设置一定阈值进而提取对冬小麦 LAI 反演最为敏感的小波特征。对于此阈值的设定，通过比较分析 1% ~ 10% 共计 10 个阈值提取特征建立模型的精度，发现 5% 处的阈值能够在提取较少小波特征的情况下有最好的模型精度。因此，选取 5% 处的 R^2 作为截止 R^2，用于提取对冬小麦 LAI 最为敏感的小波特征。

图 4.10 为小波能量系数与冬小麦 LAI 相关系数图。从图中可以看出，小波能量

系数与冬小麦 LAI 的相关系数 R^2 介于 0～0.42，其中红色区域为前 5％ 的小波特征，最终确定了 11 个与冬小麦 LAI 有较强相关性的小波特征，分别为（b12，scale1）（b12，scale2）（b11，scale4）（b1，scale2）（b1，scale3）（b10，scale5）（b9，scale6）（b8，scale7）（b7，scale8）（b6，scale9）以及（b3，scale12）。对冬小麦 LAI 敏感的小波特征见表 4.6。

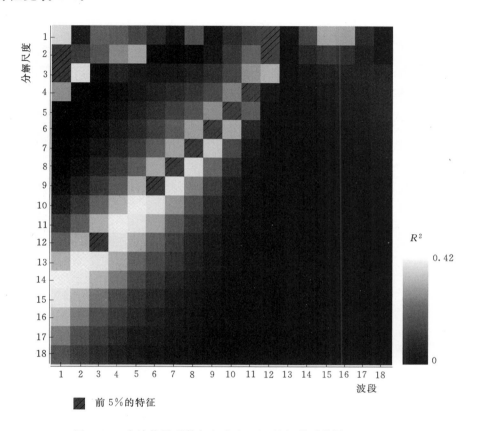

图 4.10 小波能量系数与冬小麦 LAI 的相关系数图（$n=106$）

表 4.6 　　　　　　　　　　**对冬小麦 LAI 敏感的小波特征**

小波特征	波段	尺度	小波特征	波段	尺度
WF1	b12	1	WF2	b12	2
WF3	b11	4	WF4	b1	2
WF5	b1	3	WF6	b10	5
WF7	b9	6	WF8	b8	7
WF9	b7	8	WF10	b6	9
WF11	b3	12			

4.4.3　CCC 敏感小波特征提取

冠层光谱经 CWT 提取出小波能量系数以后，将各波长、各分解尺度位置处的小波能量系数分别与冬小麦 CCC 进行相关性分析，通过统计相关系数的平方（R^2）出现的频数，并对其按照由小到大的顺序进行排序进而得到 R^2 的频率。小波能量系数与冬小麦 CCC 的 R^2 频率分布图如图 4.11 所示。图中截止 R^2 主要用于提取对冬小麦 CCC 最为敏感的小波特征，如果截止 R^2 值设置过大，则会有较多的小波特征被选取，这样容易造成数据冗余，进而影响模型的估测精度，如果该值设置过小，则会导致有较少的小波特征入选，因此该值的设置比较关键。

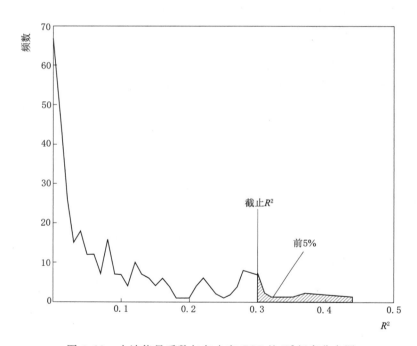

图 4.11　小波能量系数与冬小麦 CCC 的 R^2 频率分布图

图 4.12 为小波能量系数与冬小麦 CCC 的相关系数图。由图 4.11 和图 4.12 可知，光谱小波能量系数与冬小麦 CCC 的相关系数 R^2 介于 0～0.44。为了能够提取出对冬小麦 CCC 最为敏感的小波特征，本书在参考以往研究成果的基础上，参照本书第 4.4.2 节中的方法，通过设置一定的阈值进而提取出对冬小麦 CCC 最为敏感的小波特征，经比较分析 1%～10% 共计 10 个阈值，最终选取 5% 处的 R^2 = 0.30 作为截止 R^2，进而提取出对冬小麦 CCC 最为敏感的小波特征，最终确定了 9 个与冬小麦 CCC 有较好相关性的小波特征，分别为（b12，scale1）（b16，scale1）（b11，scale4）（b9， scale6）（b8，scale7）（b7，scale8）（b1，scale2）（b1，scale3）以及（b10，scale5）。对冬小麦 CCC 敏感的小波特征见表 4.7。

表 4.7　　　　　　　　　　　对冬小麦 CCC 敏感的小波特征

小波特征	波段	尺度	小波特征	波段	尺度
WF1	b12	1	WF2	b16	1
WF3	b11	4	WF4	b9	6
WF5	b8	7	WF6	b7	8
WF7	b1	2	WF8	b1	3
WF9	b10	5			

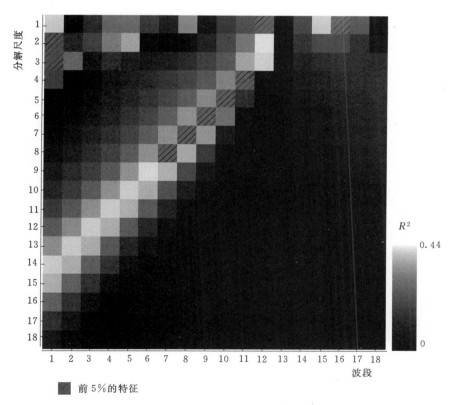

前 5% 的特征

图 4.12　小波能量系数与冬小麦 CCC 的相关系数图（$n=106$）

4.5　本章小结

本章主要阐述了冬小麦 LAI 和 CCC 光谱特征的提取工作。在对冠层光谱重采样的基础上，分析了冠层光谱、植被指数与冬小麦 LAI 和 CCC 之间的相关性，筛选了用于模型构建的光谱特征信息；通过对光谱数据进行 PCA 和 CWT 处理，提取了相应的主成分信息以及对冬小麦 LAI 和 CCC 最为敏感的小波特征信息，为冬小麦 LAI 和 CCC 高光谱反演模型的构建奠定基础。

第 5 章

冬小麦LAI的高光谱定量反演

5.1 冬小麦 LAI 反演模型构建

5.1.1 基于 CWT 的冬小麦 LAI 反演

1. 基于单一小波特征的 LAI 反演

CWT 方法通过对高光谱数据在多个尺度上进行分解，利用分解得到的小波能量系数能够有效的探测出一些对植被生理生化参数敏感的光谱信息，本书利用 CWT 方法提取 11 个对冬小麦 LAI 较为敏感小波特征的基础上，将各小波特征分别作为自变量，相应地冬小麦 LAI 作为因变量，模型的建立形式从线性函数、对数函数、指数函数、幂函数和二次函数中进行选取，选取模型 R^2 最大的形式作为模型建立的最佳形式，之后基于单一小波特征建立冬小麦 LAI 的反演模型，模型建立结果见表 5.1。

表 5.1　　基于单一小波特征的冬小麦 LAI 反演模型（$n=106$）

小波特征	模型类型	R	R^2	P 值
WF1	Lin	0.57	0.32	0.00
WF2	Lin	0.65	0.42	0.00
WF3	Exp	0.65	0.42	0.00
WF4	Exp	0.59	0.35	0.00
WF5	Exp	0.59	0.35	0.00
WF6	Exp	0.62	0.38	0.00
WF7	Exp	0.60	0.36	0.00
WF8	Exp	0.59	0.35	0.00
WF9	Exp	0.58	0.34	0.00
WF10	Exp	0.58	0.33	0.00
WF11	Exp	0.57	0.33	0.00

注　Lin、Exp 分别表示线性模型和指数函数模型。

由表中结果可知，11 个单一小波特征模型均达到了极显著性水平（$p<0.001$），模型 R^2 介于 0.32～0.42，模型的最佳建立形式为线性和指数函数形式，其中基于小波特征（b12，scale2）以及（b11，scale4）建立的冬小麦 LAI 反演模型的精度最高，两个模型的 R^2 均为 0.42，其次为小波特征（b10，scale5）和（b9，scale6）建立的模型，其 R^2 分别为 0.38 和 0.36，小波特征（b12，scale1）建立的冬小麦 LAI 模型的精度最低（$R^2=0.32$，$p<0.001$）。与单一植被指数模型相比，基于单一小波特征的冬

小麦 LAI 反演模型的精度有较大提高，并且单一小波特征模型对拔节期和灌浆期的冬小麦 LAI 估测有更好的适应性。

2. 基于多元小波特征的 LAI 反演

以往研究结果表明，多元小波特征模型可以取得比单一小波特征模型更高的反演精度。为此本书在建立单一小波特征模型的基础上，将多元小波特征与相应的模型回归方法相结合，建立基于多元小波特征的冬小麦 LAI 反演模型，由于 11 个小波特征含有的信息量较多，并且含有一定的数据冗余，逐步线性回归（Stepwise Linear Regression，SLR）方法在自变量较多时能够较好地解决自变量之间的多重共线性问题，这里将 11 个小波特征与逐步线性回归方法相结合，通过将 11 个小波特征（Wavelet Features，WF）作为模型的输入参数，相应的冬小麦 LAI 作为模型输出值，建立冬小麦 LAI 反演模型（WF - SLR）。表 5.2 为逐步线性回归变量筛选及建模结果，由表 5.2 可知，经逐步线性回归分析，当模型精度达到最高时（$R^2 = 0.72$），11 个小波特征中有 7 个小波特征入选作为 WF - SLR 模型的输入变量，这 7 个小波特征分别为（b12，scale1）、（b12，scale2）、（b1，scale2）、（b1，scale3）、（b10，scale5）、（b9，scale6）以及（b3，scale12）。

表 5.2　　　　　　　　　　逐步线性回归变量筛选及建模结果

模型	进入变量	R	R^2	F	显著性
1	WF（3）	0.55	0.30	44.14	0.00
2	WF（3，6）	0.64	0.41	35.23	0.00
3	WF（3，6，5）	0.66	0.43	26.11	0.00
4	WF（3，6，5，2）	0.73	0.53	28.04	0.00
5	WF（3，6，5，2，1）	0.75	0.56	25.41	0.00
6	WF（6，5，2，1）	0.75	0.56	32.01	0.00
7	WF（6，5，2，1，4）	0.77	0.59	29.08	0.00
8	WF（6，5，2，1，4，11）	0.79	0.62	26.82	0.00
9	WF（6，5，2，1，4，11，7）	0.85	0.72	35.66	0.00

CWT 方法能够有效的探测出一些对植被生理生化参数较为敏感的光谱信息，LS - SVM 方法在模型回归方面具有强大的优势，本书结合两者的优势，耦合 CWT 和 LS - SVM 建立冬小麦 LAI 反演模型，模型的输入参数采用 SLR 方法提取的 7 个小波特征，相应的冬小麦 LAI 作为模型输出值，为了提高 LS - SVM 模型的预测精度和泛化能力，需要对模型中的两个重要参数（正则化参数 γ 和核参数 σ^2）进行优化设置，因为这两个参数在很大程度上对模型的学习、预测和泛化能力有非常重要的作用。

对于正则化参数 γ 和核参数 σ^2 的优化设置，目前常用的方法主要有梯度法、粒子群算法和遗传算法等。这些方法由于参数之间的相互作用，不能保证优化结果为最优结果。网格搜索（Grid Search）方法能够实现同时搜索多个参数并保证搜索解为网格中的全局最优解，但是由于样本数据的随机性对参数优选的结果影响较大，不利于模型的泛化和推广。交叉验证（Cross Validation）方法能够有效的去除由于样本的随机性带来的训练偏差，该方法通过每次选取一个样本，利用剩余样本建立决策函数并对选取的样本进行预测，之后遍历所有样本，最终将所有样本均方误差的平均值作为最终的预测误差。交叉验证方法能够有效地避免参数过拟合的问题，因此本书正则化参数 γ 和核参数 σ^2 的优化是通过在网格搜索过程中采用交叉验证的方法对参数组合的性能进行综合评价确定，利用校正集样本对模型进行多次训练，最终耦合 CWT 和 LS-SVM 方法建立了冬小麦 LAI 反演模型（WF-LS-SVM）。基于多元小波特征的冬小麦 LAI 反演模型结果见表 5.3。

表 5.3　　　基于多元小波特征的冬小麦 LAI 反演模型结果（$n=106$）

多元小波特征	模型	R	R^2	P 值
WF（1，2，4，5，6，7，11）	WF-SLR	0.85	0.72	0.00
WF（1，2，4，5，6，7，11）	WF-LS-SVM	0.87	0.75	0.00

由表 5.3 中结果可知，多元小波特征模型（WF-LS-SVM）的精度最高，其模型 R^2 为 0.75，模型精度略优于 WF-SLR（$R^2=0.71$），并且多元小波特征模型的精度较单一小波特征模型的精度有明显的提高。

5.1.2　其他冬小麦 LAI 反演

1. 基于植被指数的冬小麦 LAI 反演

为了分析植被指数模型对不同生育期的适应性，基于选取的 4 个植被指数（MSR、SR、NLI 和 ARVI），分别将 4 个植被指数作为自变量，相应地冬小麦 LAI 作为因变量，建立基于单一生育期和两个生育期的冬小麦 LAI 反演模型，模型的最佳建立形式从线性函数、对数函数、指数函数、幂函数和二次函数中进行选择，以决定系数（R^2）作为模型评价指标，基于校正集样本选取 R^2 最大的形式作为模型建立的最佳形式，结果见表 5.4，可以看出在拔节期和灌浆期，4 个植被指数模型统计检验均达到了 0.001 的显著性水平。在拔节期，4 个植被指数模型 R^2 介于 0.43~0.57，其中基于植被指数 MSR 建立的模型精度最高（$R^2=0.57$，$P<0.001$），其次为 ARVI 和 NLI，其 R^2 分别为 0.50 和 0.48，植被指数 SR 建立的模型精度最低（$R^2=0.43$，$P<0.001$）。在灌浆期，4 个植被指数模型的 R^2 介于 0.58~0.62，其中植被指数

MSR 建立的模型精度最高（$R^2 = 0.62$，$P < 0.001$），其次为 NLI（$R^2 = 0.59$，$P < 0.001$），最后为 ARVI 和 SR，其 R^2 均为 0.58，并且灌浆期 4 个植被指数建立的冬小麦 LAI 模型精度均优于拔节期冬小麦 LAI 模型的精度。

表 5.4　　　　　　　　　基于植被指数建立的冬小麦 LAI 模型（$n = 106$）

植被指数	拔节期（$n = 30$）		灌浆期（$n = 76$）		两个生育期（$n = 106$）	
	模型类型	R^2	模型类型	R^2	模型类型	R^2
MSR	Lin	0.57 * *	Lin	0.62 * *	Lin	0.29 * *
SR	Lin	0.43 * *	Exp	0.58 * *	Pow	0.14 * *
NLI	Lin	0.48 * *	Exp	0.59 * *	Exp	0.11 * *
ARVI	Exp	0.50 * *	Exp	0.58 * *	Pow	0.15 * *

注　　* * 表示模型 0.001 的显著性水平；Lin，Exp 和 Pow 分别表示线性模型，指数模型和幂函数模型。

当将两个生育期综合考虑时，模型的反演精度明显降低，但 4 个植被指数模型统计检验均达到了 0.001 的显著性水平，4 个植被指数模型精度由高到低依次为 MSR、ARVI、SR 和 NLI，其中植被指数 MSR 建立的模型精度最高（$R^2 = 0.29$，$P < 0.001$），植被指数 NLI 建立的模型精度最低（$R^2 = 0.11$，$P < 0.001$），说明植被指数模型在一定程度上容易受到生育期的影响。

2. 基于 PCA 的冬小麦 LAI 反演

通过对光谱数据进行 PCA，将提取的两个主成分与 LS - SVM 模型相结合，以两个主成分作为 LS - SVM 模型的输入参数，相应地冬小麦 LAI 作为 LS - SVM 模型的输出值，构建基于 PCA 的冬小麦 LAI 模型（PC - LS - SVM）。模型建立时，需要对模型中的相应参数进行优化设置，以往研究结果表明，基于径向基 RBF 核函数的 LS - SVM 模型的精度优于其他几种核函数类型的 LS - SVM 模型。因此本书采用基于径向基 RBF 核函数。LS - SVM 模型包含的主要参数有正则化参数 γ 和核参数 σ^2，这两个参数对模型的学习、预测和泛化能力起着非常重要的决定作用。本书对这两个参数的优化是通过在网格搜索过程中采用交叉验证的方法对参数进行优化确定，经校正集样本进行模型训练，建立的 PC - LS - SVM 模型的决定系数 R^2 为 0.70。

3. 基于波段反射率的冬小麦 LAI 反演

CWT 方法能够有效的提取出对 LAI 较为敏感的特征信息，为与该方法进行对比，利用原始波段与提取的小波特征进行对比，模型建立方法采用 SLR、LS - SVM 和 PLSR。由于光谱波段经重采样后含有 18 个波段，信息量大且相邻波段间冗余信息多，为此采用逐步线性回归方法对波段进行筛选，通过将校正集样本的 18 个波段全部输入 SLR 模型，相应的冬小麦 LAI 作为模型输出值，逐步线性回归方法变量入选与剔除的标准为：当 $P \leqslant 0.05$ 时，引入该变量，当 $P > 0.1$ 时，剔除该变量。表 5.5 为逐步线性回归变量筛选及建模结果表，从中可以看出，经逐步线性回归分析，18 个波段中有 7 个波段入选作为 SLR 模型的变量，这 7 个波段分别为 b3、b4、b5、b7、b12、b16 和 b17，最终建立了冬小麦 LAI 反演模型（R-SLR）。

表 5.5   逐步线性回归变量筛选及建模结果表

模型	进入变量	R	R^2	F	显著性
1	R (11)	0.55	0.30	44.88	0.00
2	R (11, 3)	0.59	0.35	27.91	0.00
3	R (11, 3, 4)	0.69	0.48	31.05	0.00
4	R (3, 4)	0.68	0.46	44.66	0.00
5	R (3, 4, 5)	0.72	0.51	35.64	0.00
6	R (3, 4, 5, 16)	0.75	0.57	33.23	0.00
7	R (3, 4, 5, 16, 7)	0.81	0.66	39.08	0.00
8	R (3, 4, 5, 16, 7, 12)	0.84	0.71	40.39	0.00
9	R (3, 4, 5, 16, 7, 12, 17)	0.85	0.73	39.09	0.00

在此基础上，以逐步线性回归方法筛选的 7 个波段作为 LS-SVM 模型的输入参数，相应的冬小麦 LAI 作为模型输出值，LS-SVM 模型的核函数和模型参数选取方法参考本书第 5.1.1（2）节内容，经优化选择后得到最佳的正则化参数 γ 和核参数 σ^2 值分别为 $\gamma^2 = 60.6$ 和 $\sigma^2 = 12249.4$，最终建立了冬小麦 LAI 反演模型（R-LS-SVM）。

PLSR 法的优势在于该方法能够较好地解决自变量之间的多重共线性问题，目前该方法在光谱回归方面得到了广泛的应用。本书将重采样后的 18 个波段全部作为 PLSR 方法的自变量，因变量为相应的冬小麦 LAI，建立冬小麦 LAI 反演模型（R-PLSR）。表 5.6 为 PLSR 分析的方差解释比例。

表 5.6   方 差 解 释 比 例

潜在因子	X 方差	X 累计方差	Y 方差	Y 累计方差（R^2）
1	0.589	0.589	0.213	0.213
2	0.391	0.980	0.022	0.235
3	0.012	0.992	0.195	0.430
4	0.002	0.994	0.226	0.656
5	0.004	0.999	0.037	0.693

从表 5.6 中可以看出，经 PLSR 分析，前 5 个潜在因子的累计方差已达到 99.9%，即可以解释原始光谱波段 99.9% 的信息。因此利用这 5 个潜在因子基于 PLSR 分析建立了冬小麦 LAI 模型，其校正集样本决定系数 R^2 为 0.69。

5.2　冬小麦 LAI 模型优化选择

5.2.1　冬小麦 LAI 模型对比分析

为了对冬小麦 LAI 模型进行优化选择，本书利用地面实验中选取的 38 个检验集样本对 LAI 模型进行比较分析，采用决定系数 R^2 和均方差误差（$RMSE$）作为模型评价指标，结果见表 5.7。可以看出，4 个植被指数模型中，MSR – LAI 模型的预测精度最高（$R^2 = 0.48$，$RMSE = 0.72$），其次为 ARVI – LAI 和 SR – LAI 模型，其 R^2 分别为 0.33 和 0.30，$RMSE$ 分别为 0.94 和 0.96，NLI – LAI 模型的预测精度最低（$R^2 = 0.25$，$RMSE = 1.02$），部分原因是由于修改型比值植被指数（MSR）对简单的植被指数进行改进，在一定程度上能够增强模型对未知样本的预测能力。11 个单一小波特征模型中，冬小麦 LAI 模型的 R^2 介于 0.27～0.57，$RMSE$ 介于 0.63～0.85，其中基于小波特征（b12，scale2）建立的 WF2 – LAI 模型反演精度最高（$R^2 = 0.57$，$RMSE = 0.69$），其次为小波特征（b12，scale1）建立的模型，其 R^2 和 $RMSE$ 分别为 0.56 和 0.74，小波特征（b1，scale2）建立的模型精度最低，其 R^2 和 $RMSE$ 分别为 0.27 和 0.85。

为了与 CWT 方法的优势进行比较，本书将基于主成分和光谱波段建立的冬小麦 LAI 模型与多元小波特征模型进行比较，结果表明多元小波特征模型对未知样本的估测效果比单一小波特征模型的估测精度高，其中以多元小波特征作为 LS – SVM 的输入参数建立的 WF – LS – SVM 模型精度最高（$R^2 = 0.71$，$RMSE = 0.53$），WF – SLR 模型、R – PLSR 模型和 PC – LS – SVM 模型的估测精度次之，其 R^2 分别为 0.65、0.62 和 0.61，RMSE 分别为 0.63、0.63 和 0.73，以原始光谱波段作为 SLR 和 LS – SVM 模型的输入参数建立的 R – SLR 和 R – LS – SVM 模型的预测精度最低，其 R^2 分别为 0.50 和 0.56，$RMSE$ 分别为 0.89 和 0.90，此外 WF – SLR、WF – LS – SVM、PC – LS – SVM 和 R – PLSR 模型在很大程度上优于单一小波特征模型和植被指数模型。这一结果表明植被指数法由于利用的有效波段信息较少，使得模型容易受到外界因素的干扰，导致模型的估测精度相对较低；PC – LS – SVM 模型利用了主成分信息，主成分含有的信息量大于植被指数含有的信息量，因此其建立的模型精度优于植被指数模型。CWT 方法能够有效的提取出对冬小麦 LAI 较为敏感的光谱信息，并且其含有的信息量较多，同时 LS – SVM 方法具有更好的模型估测能力，因 CWT 方法与 LS – SVM 方法相结合建立的模型 WF – LS – SVM 预测精度最高，并且模型对拔节期和灌浆期有更好的适应性。

表 5.7	冬小麦 LAI 模型比较分析 ($n = 38$)			
特征类型	光谱特征	模型	R^2	$RMSE$
植被指数	MSR	MSR – LAI	0.48	0.72
	SR	SR – LAI	0.30	0.96
	NLI	NLI – LAI	0.25	1.02
	ARVI	ARVI – LAI	0.33	0.94
小波特征	WF1	WF1 – LAI	0.56	0.74
	WF2	WF2 – LAI	0.57	0.69
	WF3	WF3 – LAI	0.37	0.77
	WF4	WF4 – LAI	0.27	0.85
	WF5	WF5 – LAI	0.34	0.81
	WF6	WF6 – LAI	0.43	0.75
	WF7	WF7 – LAI	0.41	0.76
	WF8	WF8 – LAI	0.39	0.78
	WF9	WF9 – LAI	0.38	0.79
	WF10	WF10 – LAI	0.37	0.63
	WF11	WF11 – LAI	0.36	0.80
主成分信息	PC	PC – LS – SVM	0.61	0.73
多元小波特征	WF (1, 2, 4, 5, 6, 7, 11)	WF – SLR	0.65	0.63
	WF (1, 2, 4, 5, 6, 7, 11)	WF – LS – SVM	0.71	0.53
波段反射率	R (3, 4, 5, 7, 12, 16, 17)	R – SLR	0.50	0.89
	R (3, 4, 5, 7, 12, 16, 17)	R – LS – SVM	0.56	0.90
	全波段	R – PLSR	0.62	0.63

5.2.2 冬小麦 LAI 模型估测值与实测值散点图

通过对 LAI 模型进行优化选择，最终选取反演精度较高的 MSR – LAI、PC – LS – SVM、WF – SLR、WF – LS – SVM 以及 R – LS – SVM 和 R – PLSR 进行后续的分析，为了更加直观地对比分析冬小麦 LAI 模型的估测效果，本书绘制了 6 种 LAI 模型估测值与实测值散点图，如图 5.1 所示。其中，图中虚线为直线 $y = x$，表示模型估测值与实测值相等，偏离直线越远，说明估测值与实测值偏差越大；可以清晰地看出，MSR – LAI 模型的估测效果较差，特别是当 LAI 较大时，MSR – LAI 模型不能进行很好地预测；R – LS – SVM、R – PLSR 以及 PC – LS – SVM 的估测效果均较 MSR – LAI 模型的估测效果有一定改善；WF – SLR 和 WF – LS – SVM 模型的估测效果最好，其中 WF – LS – SVM 模型的估测值与实测值分布紧凑且沿直线 $y = x$ 均匀分布，说明 WF – LS – SVM 模型提高了冬小麦 LAI 的反演精度。

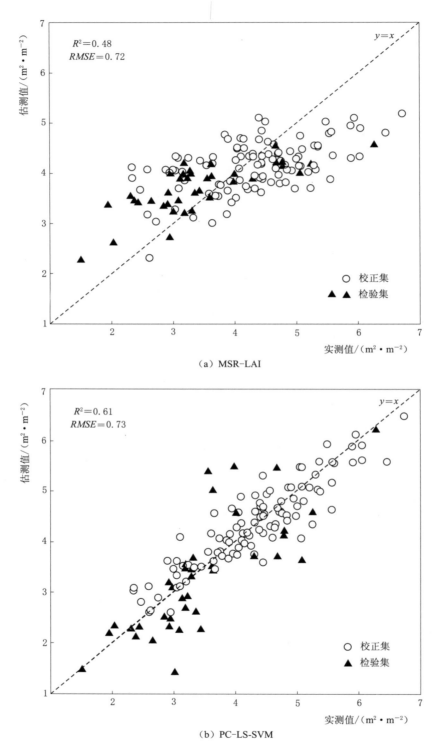

（a）MSR-LAI

（b）PC-LS-SVM

图 5.1（一）　冬小麦 LAI 模型估测值与实测值散点图

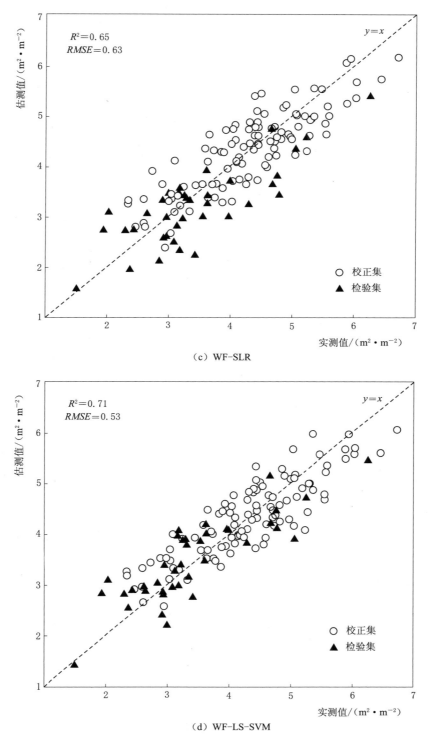

（c）WF-SLR

（d）WF-LS-SVM

图 5.1（二） 冬小麦 LAI 模型估测值与实测值散点图

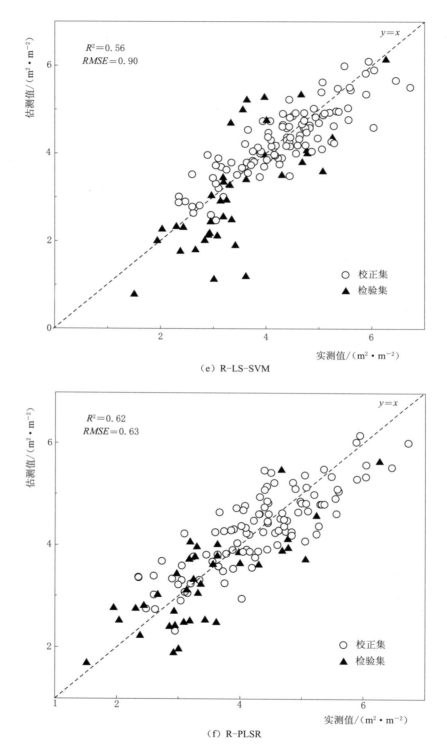

（e）R-LS-SVM

（f）R-PLSR

图 5.1（三）　冬小麦 LAI 模型估测值与实测值散点图

5.3 冬小麦 LAI 模型精度评定及遥感填图

5.3.1 冬小麦 LAI 模型精度评定

为了将建立的冬小麦 LAI 模型最终应用于大范围的遥感影像上，需要将冠层上优化选择的 LAI 模型在影像上进行精度评定，通过对比分析，将精度最高的模型作为冬小麦 LAI 反演的最优模型，采用像元尺度的 38 个检验集数据对经优化选择的模型进行精度和适应性评定，评定结果见表 5.8。

表 5.8　　　　　　像元尺度冬小麦 LAI 模型精度评定 （$n=38$）

特征类型	光 谱 特 征	模型	R^2	$RMSE$
植被指数	MSR	MSR - LAI	0.29	0.91
主成分	PC	PC - LS - SVM	0.37	0.98
小波特征	WF (1, 2, 4, 5, 6, 7, 11)	WF - SLR	0.45	0.78
小波特征	WF (1, 2, 4, 5, 6, 7, 11)	WF - LS - SVM	0.55	0.67
波段反射率	R (3, 4, 4, 5, 7, 12, 16, 17)	R - LS - SVM	0.42	0.94
波段反射率	全波段	R - PLSR	0.22	1.22

由表 5.8 可知，将冠层上构建的冬小麦 LAI 模型应用于像元尺度时，6 个 LAI 模型的预测精度均有不同程度的降低，其 R^2 介于 0.22～0.55，RMSE 介于 0.67～1.22，其中 WF - LS - SVM 模型的预测精度最高，其 R^2 和 $RMSE$ 分别为 0.55 和 0.67，WF - SLR 模型的预测精度次之 （$R^2=0.45$，$RMSE=0.78$），再次为 R - LS - SVM 和 PC - LS - SVM 模型，其 R^2 分别为 0.42 和 0.37，$RMSE$ 分别为 0.94 和 0.98，MSR - LAI 以及 R - PLSR 的估测精度最低，其 R^2 分别为 0.29 和 0.22，$RMSE$ 分别为 0.91 和 1.22。上述结果部分原因是由于 R - PLSR 利用了全波段信息，模型建立时由于其含有的信息量较大使得建模精度较高，但由于全波段含有的数据冗余较多，使得其在对未知样本进行估测时精度较低；主成分包含了原始光谱大部分信息并且去除了数据冗余，其建立的模型 PC - LS - SVM 的估测精度优于 R - PLSR 模型；WF - LS - SVM、R - LS - SVM 和 PC - LS - SVM 比较分析结果表明，小波能量系数增强了与冬小麦 LAI 之间的相关性，并且其含有的信息量较多，使得 WF - LS - SVM 模型的估测精度优于 R - LS - SVM 和 PC - LS - SVM 模型。

为了更加清晰、直观地看出不同的冬小麦 LAI 模型在像元尺度的估测效果，将 6 种模型的估测值与实测值进行拟合分析，图 5.2 为像元尺度冬小麦 LAI 模型估测值与实测值散点图。

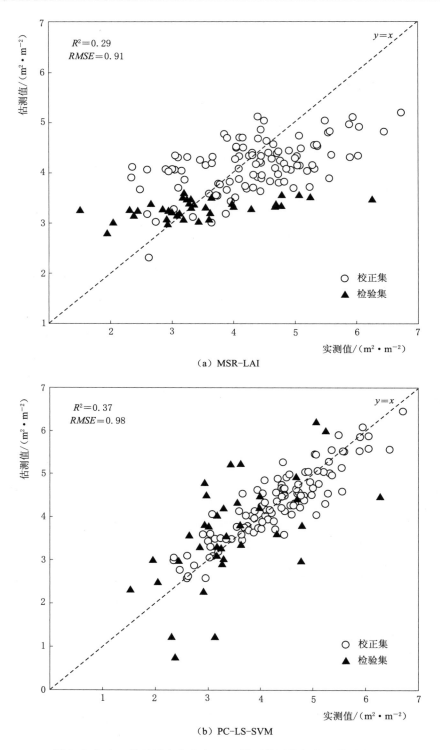

（a）MSR-LAI

（b）PC-LS-SVM

图 5.2（一）　像元尺度冬小麦 LAI 模型估测值与实测值散点图

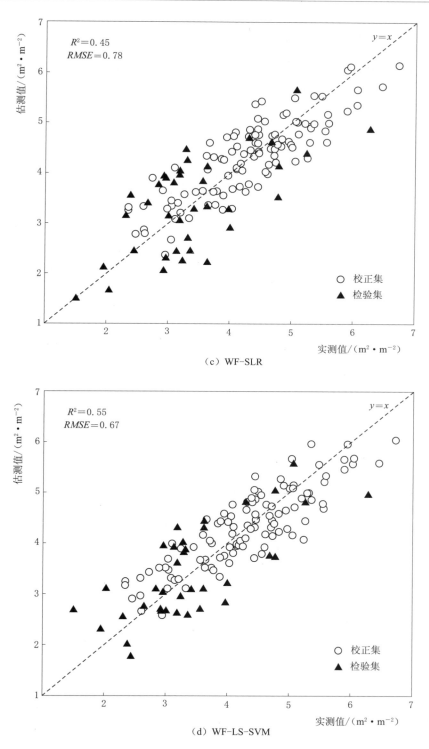

（c）WF-SLR

（d）WF-LS-SVM

图 5.2（二） 像元尺度冬小麦 LAI 模型估测值与实测值散点图

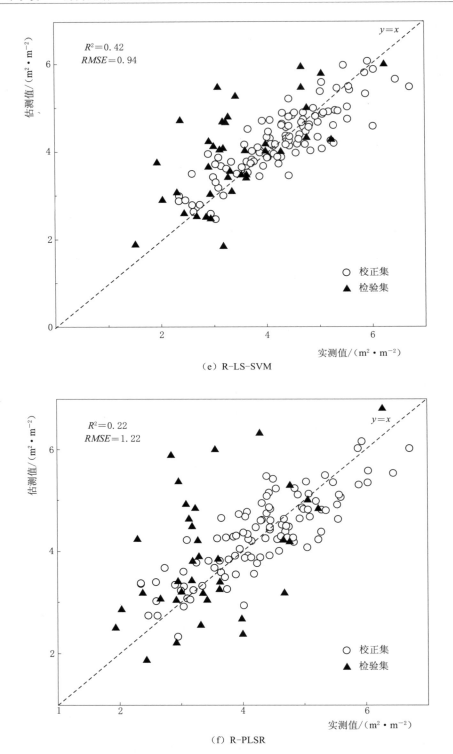

图 5.2（三）　像元尺度冬小麦 LAI 模型估测值与实测值散点图

从图 5.2 中可以看出，MSR-LAI 模型在估测像元尺度 LAI 时，对于较大的 LAI 容易出现低估，对于较小的 LAI 容易出现高估的现象［图 5.2（a）］；R-PLSR 模型校正集样本的估测 LAI 与实测 LAI 较好地沿直线 $y=x$ 分布，但像元尺度的估测 LAI 和实测 LAI 偏差相对较大；R-LS-SVM 和 PC-LS-SVM 模型在像元尺度的估测效果较 R-PLSR 模型在一定程度上有所改善；WF-SLR 和 WF-LS-SVM 能够有效地减弱低估和高估现象，其中 WF-LS-SVM 模型的估测效果最佳，模型估测值与实测值集中分布于直线 $y=x$ 附近，WF-SLR 模型的估测效果次之，说明 WF-LS-SVM 模型对像元尺度 LAI 反演具有一定的适应性。

5.3.2　冬小麦 LAI 遥感填图

冬小麦种植区域的准确提取是冬小麦 LAI 和 CCC 遥感监测的基础，根据野外实地调查资料，结合杨凌及周边地区地物类型，本书采用支持向量机（SVM）的分类方法提取冬小麦种植区域，首先根据颜色从影像上选取冬小麦感兴趣区，然后采用 SVM 方法进行分类，在初步得到冬小麦种植区域以后，利用 ENVI4.8 软件中的过滤类功能去除分类中含有的"椒盐"像元，进而得到杨凌及周边地区冬小麦种植区域分布。冬小麦种植区域提取，结果如图 5.3 所示。

图 5.3　冬小麦种植区域提取

采用杨凌野外实验采集的 40 个地面调查点对冬小麦种植区域提取精度进行检验，结果表明冬小麦种植区域提取的总体精度达到 85% 以上，为了对大范围的冬小麦 LAI 进行遥感监测，本书选取冠层和像元尺度模型精度最高的 WF - LS - SVM 模型，并将其应用于同步获取的 CHRIS 高光谱图像上。基于 MATLAB 2010a 软件平台实现 CHRIS 高光谱图像的 CWT 处理，进而得到不同分解尺度的小波特征影像，参照冠层上利用逐步线性回归方法筛选的小波特征提取相应的 7 个小波特征影像（图 5.4），之后将其输入经校正集样本训练的 LS - SVM 模型中，得到杨凌及周边地区 LAI 分布图，利用冬小麦种植区域分布图制作相应的掩膜文件，最终得到该地区冬小麦 LAI 分布图。

本书将冬小麦 LAI 分布图分为 8 级，分级为 LAI<0.77，0.77≤LAI<1.54，1.54≤LAI<2.31，2.31≤LAI<3.08，3.08≤LAI<3.84，3.84≤LAI<4.61，4.61≤LAI<5.38，LAI≥5.38，最终得到杨凌及周边地区冬小麦 LAI 分级图，如图 5.5 所示。

从图 5.5 可知，监测区域冬小麦 LAI 介于 0.32～6.15，其中 LAI 较大的区域分布于监测区域北部和部分南部地区，在监测区域中部和部分南部地区，冬小麦 LAI 相对较小，WF - LS - SVM 模型的监测结果与实际情况基本一致。

(a) WF1

图 5.4（一）　筛选的小波特征影像

(b) WF2

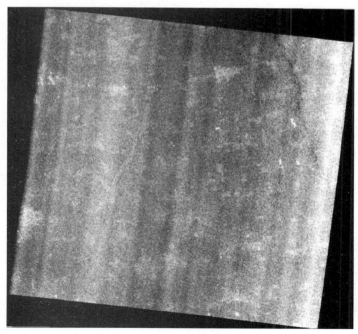

(c) WF4

图 5.4（二） 筛选的小波特征影像

（d）WF5

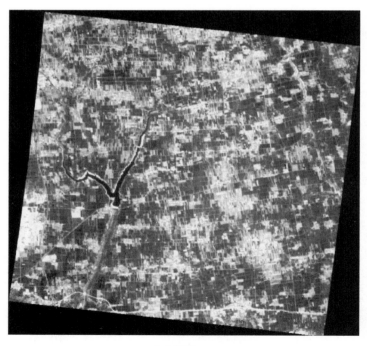

（e）WF6

图 5.4（三）　筛选的小波特征影像

（f）WF7

（g）WF11

图 5.4（四） 筛选的小波特征影像

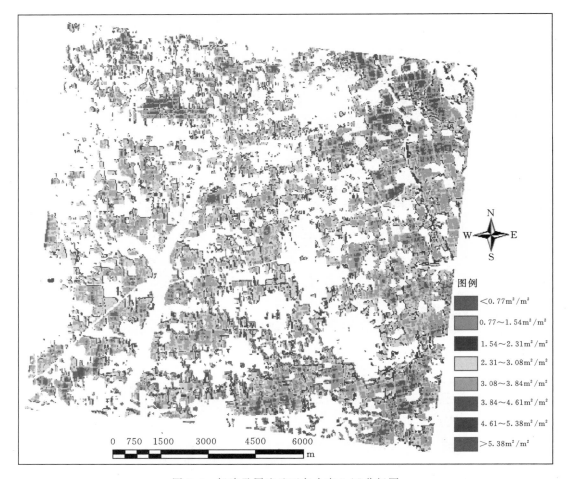

图 5.5 杨凌及周边地区冬小麦 LAI 分级图

5.4 本章小结

　　本章主要阐述了冬小麦 LAI 模型构建、冠层 LAI 模型优化选择、模型在遥感影像上精度评定以及模型应用。构建了耦合 CWT 与 LS‐SVM 的冬小麦 LAI 反演方法，通过将其与植被指数、主成分以及光谱波段建立的冬小麦 LAI 模型在冠层上进行优化选择，对比分析了冠层上优化选择模型在影像尺度上的精度评定结果，表明耦合 LAI 与 LS‐SVM 建立的模型精度最高，并且模型对冠层和像元尺度具有一定的普适性。

第 6 章

冬小麦CCC的高光谱定量反演

6.1 冬小麦 CCC 反演模型构建

6.1.1 基于 CWT 的冬小麦 CCC 反演

1. 基于单一小波特征的 CCC 反演

4.4.3 节中利用 CWT 方法共提取出 9 个对冬小麦 CCC 较为敏感的小波特征，在此基础上将 9 个小波特征分别作为自变量，冬小麦 CCC 作为因变量，建立基于单一小波特征的冬小麦 CCC 反演模型，模型的最佳建立形式从线性函数、对数函数、指数函数、幂函数以及二次函数中选取 R^2 最大的形式，模型建立结果见表 6.1。

表 6.1 基于单一小波特征的冬小麦 CCC 反演模型（$n=106$）

小波特征	模型类型	R	R^2	P 值
WF1	Lin	0.75	0.37	0.00
WF2	Lin	0.77	0.40	0.00
WF3	Exp	0.79	0.44	0.00
WF4	Exp	0.75	0.36	0.00
WF5	Exp	0.73	0.35	0.00
WF6	Exp	0.73	0.34	0.00
WF7	Exp	0.75	0.36	0.00
WF8	Exp	0.73	0.34	0.00
WF9	Exp	0.76	0.38	0.00

注 Lin、Exp 分别表示线性模型和指数函数模型。

由表 6.1 可以看出，9 个小波特征模型统计检验均为极显著相关（$p<0.001$），模型建立的最佳形式为线性和指数函数形式，模型 R^2 介于 $0.34\sim0.44$，其中基于小波特征（b11，scale4）建立的 CCC 反演模型精度最高（$R^2=0.44$，$p<0.001$），其次为（b16，scale1）、（b10，scale5）以及（b12，scale1）建立的模型，其 R^2 分别为 0.40，0.38 和 0.37，小波特征（b1，scale3）以及（b7，scale8）构建的模型精度最低（$R^2=0.34$，$p<0.001$），主要是由于小波特征（b16，scale1）能够有效地捕捉近红外光谱区域的窄波段吸收特征，这些吸收特征主要受色素含量的影响；小波特征（b11，scale4）、（b10，scale5）以及（b12，scale1）能够有效地捕捉光谱在红光区域的吸收特征，而这些特征与叶绿素含量有较强的相关性，这也是小波特征（b11，scale4）构建的 CCC 反演模型精度优于其他小波特征模型的原因所在，并且单一小波

特征模型对拔节期和灌浆期有一定的适应性。

2. 基于多元小波特征的 CCC 反演

在建立单一小波特征模型的基础上，本书构建了基于多元小波特征的冬小麦 CCC 反演模型，模型回归方法采用逐步线性回归法（SLR），将 9 个小波特征全部输入 SLR 中，相应的冬小麦 CCC 作为模型输出值。表 6.2 为逐步线性回归变量筛选及建模结果，从中可以看出，当模型精度达到最高时，9 个小波特征中有 4 个小波特征入选作为 SLR 模型的变量，这 4 个小波特征分别为（b16，scale1）（b11，scale4）（b9，scale6）和（b1，scale3），最终建立了基于多元小波特征的冬小麦 CCC 反演模型（WF–SLR）。

表 6.2   逐步线性回归变量筛选及建模结果

模型	进入变量	R	R^2	F	显著性
1	WF（3）	0.61	0.37	62.28	0.000
2	WF（3，2）	0.67	0.45	41.80	0.000
3	WF（3，2，4）	0.73	0.53	38.49	0.000
4	WF（3，2，4，8）	0.78	0.62	40.26	0.000

LS–SVM 作为一种基于统计学习理论的机器学习方法，其在模型回归方面具有强大的优势，本书通过将多元小波特征引入到 LS–SVM 方法中，并将其延伸应用于估测不同生育期的冬小麦 CCC，LS–SVM 模型建立时，利用逐步线性回归方法筛选的 4 个小波特征作为 LS–SVM 模型的输入参数，相应的冬小麦 CCC 作为模型输出值，LS–SVM 模型采用的核函数以及模型参数的优化选取参照本书第 5.1.1 节，最终基于多元小波特征构建了冬小麦 CCC 反演模型（WF–LS–SVM），模型建立结果见表 6.3。

表 6.3   基于多元小波特征的冬小麦 CCC 反演模型（$n=106$）

多元小波特征	模型	R	R^2	P 值
WF（2，3，4，8）	WF–SLR	0.78	0.62	0.00
WF（2，3，4，8）	WF–LS—SVM	0.84	0.71	0.00

从表 6.3 中可以看出，两个多元小波特征模型统计检验均为极显著相关（$p<0.001$），其中 WF–LS–SVM 模型的精度最高（$R^2=0.71$），模型精度优于 WF–SLR 模型（$R^2=0.62$）。与单一小波特征模型相比，多元小波特征模型的精度和稳定性有明显提高，并且对生育期有更好的适应性。

6.1.2   其他冬小麦 CCC 反演方法

1. 基于植被指数的冬小麦 CCC 反演

为了提高影像尺度上冬小麦 CCC 的反演精度，本书在分析冠层和像元尺度植被指数与冬小麦 CCC 相关性的基础上，从中选取了 5 个对冬小麦 CCC 敏感性较高的植被指数，分别为 SR、MCARI、mNDVI705、REP 和 SIPI，模型的建立形式从线性、指数、对数、幂函数中进行选择，以 R^2 为模型优劣的评价指标，选取 R^2 最大的形式分别建立拔节期、灌浆期和两个生育期的冬小麦 CCC 反演模型。基于植被指数建立的冬小麦 CCC 反演模型见表 6.4。

表 6.4　　　　　基于植被指数建立的冬小麦 CCC 反演模型（$n=106$）

植被指数	拔节期（$n=30$）		灌浆期（$n=76$）		两个生育期（$n=106$）	
	模型类型	R^2	模型类型	R^2	模型类型	R^2
mNDVI$_{705}$	Exp	0.58 **	Exp	0.52 **	Exp	0.27 **
REP	Lin	0.55 **	Exp	0.58 **	Lin	0.31 **
SR	Pow	0.48 **	Pow	0.46 **	Pow	0.22 **
SIPI	Exp	0.42 **	Exp	0.45 **	Exp	0.25 **
MCARI	Exp	0.34 **	Exp	0.36 **	Exp	0.25 **

注　*、**分别表示模型达到 0.05 和 0.001 的显著性水平；Exp、Lin、Pow 分别表示指数、线性、幂函数和二次函数模型。

由表 6.4 可知，在拔节期，模型建立的最佳形式有指数函数、线性函数和幂函数形式，5 个植被指数模型统计检验均达到了 0.001 的显著性水平，其中植被指数 mNDVI$_{705}$ 和 REP 建立的 CCC 反演模型精度最高，其 R^2 分别为 0.58 和 0.55，其次为植被指数 SR 和 SIPI 构建的 CCC 反演模型，其 R^2 分别为 0.48 和 0.42，植被指数 MCARI 建立的 CCC 反演模型精度最低（$R^2=0.34$）；在灌浆期，5 个植被指数模型的精度由高到低依次为 REP、mNDVI$_{705}$、SR、SIPI 和 MCARI，其中植被指数 REP 建立的模型精度最高（$R^2=0.58$），mNDVI$_{705}$、SR、SIPI 和 MCARI 建立的模型 R^2 依次为 0.52、0.46、0.45 和 0.36；在两个生育期，5 个植被指数模型统计检验均为极显著（$p<0.001$），模型 R^2 介于 0.25～0.31，并且模型精度较单一生育期明显降低，5 个植被指数模型精度由高到低依次为 REP、mNDVI$_{705}$、SIPI、MCARI 和 SR，其中 REP 建立的模型的精度最高（$R^2=0.31$），其次为 mNDVI$_{705}$、SIPI 和 MCARI 建立的模型，其 R^2 依次为 0.27、0.25 和 0.25，SR 建立的模型精度最低（$R^2=0.22$）。与 LAI 反演相似，植被指数方法在反演冬小麦 CCC 时容易受生育期的影响。

2. 基于 PCA 的冬小麦 CCC 反演

校正集样本光谱数据经 PCA 后提取出两个主成分，其提取方法和结果参照本书第 4.3 节，在此基础上，将提取的两个主成分信息作为 LS-SVM 模型的输入参数，相应的冬小麦 CCC 作为模型的输出值，构建基于主成分信息的冬小麦 CCC 反演模型（PC-LS-SVM）。为了提高模型的预测精度和泛化能力，在模型建立时，模型中核函数类型以及模型参数的优化方法参照本书第 5.1.1 节内容，最终 PC - LS - SVM 模型校正集样本决定系数 $R^2 = 0.74$。

3. 基于波段反射率的冬小麦 CCC 反演

为了与基于小波特征、植被指数和主成分信息建立的冬小麦 CCC 反演模型进行对比，本书以重采样的原始光谱数据作为相应的光谱参数，相应的冬小麦 CCC 作为因变量，模型回归方法采用逐步线性回归方法，表 6.5 为逐步线性回归变量筛选及建模结果，从中可以看出，18 个波段变量中有 5 个波段入选作为 SLR 模型的变量，此时模型精度最高且输入变量较少，这 5 个波段分别为 b3、b10、b13、b16 和 b18，最终基于波段反射率建立了冬小麦 CCC 反演模型 (R - SLR)。

表 6.5 逐步线性回归变量筛选及建模结果

模型	进入变量	R	R^2	F	Sig
1	R (10)	0.52	0.27	38.17	0.00
2	R (10, 1)	0.56	0.31	23.35	0.00
3	R (10, 1, 16)	0.61	0.37	19.98	0.00
4	R (10, 1, 16, 13)	0.73	0.54	29.49	0.00
5	R (10, 1, 16, 13, 18)	0.77	0.60	29.76	0.00
6	R (10, 1, 16, 13, 18, 3)	0.79	0.63	28.14	0.00
7	R (10, 16, 13, 18, 3)	0.79	0.63	33.92	0.00

在此基础上，将逐步线性回归方法筛选的 5 个波段作为 LS - SVM 方法的输入参数，相应的冬小麦 CCC 作为模型输出值，LS - SVM 模型核函数类型以及模型参数的优化组合参考本书第 5.1.1 节内容。经校正集样本对模型进行多次训练后，建立了冬小麦 CCC 反演模型 (R - LS - SVM)。以重采样后的 18 个波段全部作为 PLSR 模型的输入参数，冬小麦 CCC 作为模型输出值，表 6.6 为变量方差解释比例，从中可以看出，前 5 个潜在因子已可以解释原始光谱波段 99.9% 的有用信息，因此本书选取前 5 个潜在因子进行 PLSR 分析，最终构建了基于全波段信息的冬小麦 CCC 反演模型 (R - PLSR)。

表 6.6 变 量 方 差 解 释 比 例

潜在因子	X 方差	X 累计方差	Y 方差	Y 累计方差 (R^2)
1	0.630	0.630	0.237	0.237
2	0.317	0.947	0.031	0.268
3	0.045	0.992	0.173	0.441
4	0.002	0.994	0.160	0.601
5	0.004	0.999	0.029	0.630

6.2 冬小麦 CCC 反演模型优化选择

6.2.1 冬小麦 CCC 反演模型对比分析

为了对冬小麦 CCC 的反演模型进行优化选择，本书采用决定系数 R^2 和均方根误差 $RMSE$ 作为模型精度评价指标，利用冠层上 38 个检验集样本对植被指数模型、单一小波特征模型、主成分信息模型、多元小波特征模型以及波段反射率模型进行比较分析，结果见表 6.7。

表 6.7　　　　　冬小麦 CCC 反演模型对比分析（$n=38$）

特征类型	光谱特征	模型	R^2	$RMSE$
	mNDVI$_{705}$	mNDVI$_{705}$ – CCC	0.41	0.59
	REP	REP – CCC	0.52	0.53
植被指数	SR	SR – CCC	0.40	0.63
	SIPI	SIPI – CCC	0.33	0.62
	MCARI	MCARI – CCC	0.21	0.57
	WF1	WF1 – CCC	0.55	0.50
	WF2	WF2 – CCC	0.53	0.58
	WF3	WF3 – CCC	0.58	0.45
	WF4	WF4 – CCC	0.44	0.48
小波特征	WF5	WF5 – CCC	0.42	0.49
	WF6	WF6 – CCC	0.42	0.49
	WF7	WF7 – CCC	0.32	0.52
	WF8	WF8 – CCC	0.39	0.49
	WF9	WF9 – CCC	0.45	0.47
主成分	PC	PC – LS – SVM	0.55	0.52
多元小波特征	WF (2, 3, 4, 8)	WF – SLR	0.64	0.38
	WF (2, 3, 4, 8)	WF – LS – SVM	0.69	0.35
	R (3, 10, 13, 16, 18)	R – SLR	0.58	0.41
波段反射率	R (3, 10, 13, 16, 18)	R – LS – SVM	0.61	0.41
	全波段	R – PLSR	0.64	0.39

从表 6.7 中可以看出，5 个植被指数模型中，模型 R^2 介于 0.21~0.52，其中基于 REP 建立的冬小麦 CCC 反演模型的预测精度最高（$R^2=0.52$，$RMSE=0.53$），其次为植被指数 mNDVI$_{705}$ 和 SR 构建的模型，其 R^2 分别为 0.41 和 0.40，$RMSE$ 分别为

0.59 和 0.63，植被指数 SIPI 和 MCARI 建立的模型估测精度最低，其 R^2 分别为 0.33 和 0.21，$RMSE$ 分别为 0.62 和 0.57；对于 9 个单一小波特征模型，其模型 R^2 介于 0.32～0.58，$RMSE$ 介于 0.45～0.58，其中小波特征（b11，scale3）建立的 CCC 反演模型预测精度最高，其 R^2 和 $RMSE$ 分别为 0.58 和 0.45，小波特征（b12，scale1）（b16，scale1）（b10，scale5）以及（b9，scale6）建立的模型预测精度次之，其 R^2 分别为 0.55、0.53、0.45 和 0.44，$RMSE$ 分别为 0.50、0.58、0.47 和 0.48，小波特征（b8，scale7）（b7，scale8）（b1，scale2）和（b1，scale3）建立的 CCC 反演模型预测精度最低，其 R^2 分别为 0.42、0.42、0.32 和 0.39，$RMSE$ 分别为 0.49、0.49、0.52 和 0.49。通过将多元小波特征模型与主成分信息模型和波段反射率模型进行比较可知，多元小波特征模型 WF－LS－SVM 的预测精度最高，其 R^2 和 $RMSE$ 分别为 0.69 和 0.35，模型精度优于 WF－SLR 模型（$R^2=0.64$，$RMSE=0.38$），说明 LS－SVM 方法较 SLR 方法在冬小麦 CCC 反演方面有更好的估测能力，其次为 R－PLSR 和 R－LS－SVM 模型，其 R^2 分别为 0.64 和 0.60，$RMSE$ 分别为 0.39 和 0.40，R－SLR 以及 PC－LS－SVM 模型的预测精度最低，其 R^2 分别为 0.58 和 0.55，$RMSE$ 分别为 0.41 和 0.52。与单一小波特征模型相比，多元小波特征模型的预测精度和稳定性更高，这与以往的结论是一致的。PC－LS－SVM 的预测精度优于植被指数模型，主要是由于主成分信息含有的信息量多于植被指数，且植被指数容易受生育期的影响；多元小波特征模型一方面利用了 CWT 方法提取对冬小麦 CCC 敏感小波特征的优势，另一方面结合使用了 LS－SVM 方法在模型回归方面的优势，因此结合其构建的模型 WF－LS－SVM 估测精度最高。

6.2.2　冬小麦 CCC 反演模型估测值与实测值散点图

为了更清晰直观的对比 CCC 反演模型的估测能力，选取 6 个有代表性的 CCC 反演模型（REP－CCC、PC－LS－SVM、WF－SLR、WF－LS－SVM、R－LS－SVM 和 R－PLSR），并将其估测值与实测值进行拟合分析，得到模型估测值 CCC 和实测值 CCC 散点图，如图 6.1 所示。

图 6.1（a）中数据点的分布相对较为分散，尤其是当 CCC 较大时 REP－CCC 模型不能进行很好的预测。相比之下，PC－LS－SVM、R－LS－SVM 以及 R－PLSR 的估测效果均较 REP－CCC 的估测效果有一定的改善［图 6.1（b）、（e）～（g）］；图 6.1（c）和（d）中的数据点能更好地分布于直线 $y=x$ 周边，模型估测效果较其他模型有明显改善，图 6.1（d）中的数据点更加接近直线 $y=x$，这一结果表明 CWT 提取的小波特征增强了与冬小麦 CCC 之间的相关性，并且 CWT 与 LS－SVM 相结合构建的 WF－LS－SVM 模型估测效果较好。

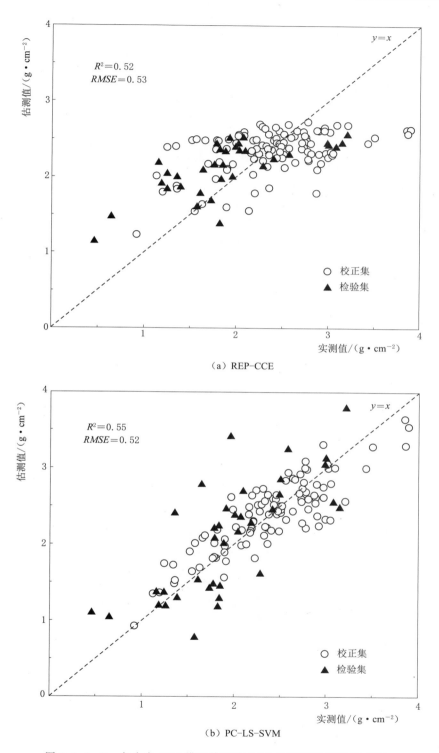

（a）REP-CCE

（b）PC-LS-SVM

图 6.1（一） 冬小麦 CCC 模型估测值 CCC 与实测值 CCC 散点图

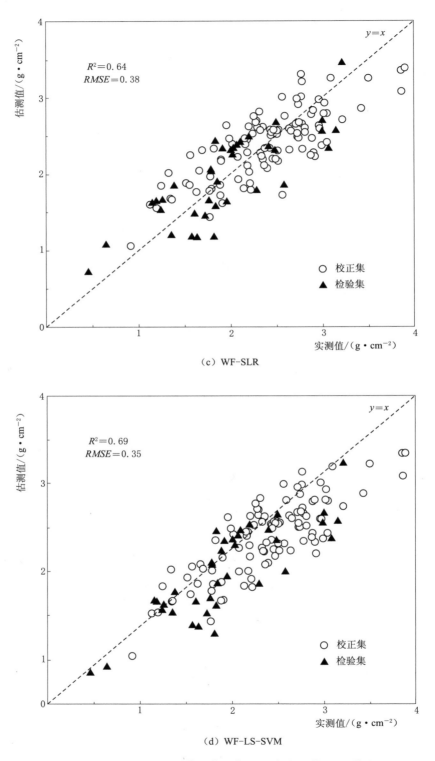

图 6.1（二）　冬小麦 CCC 模型估测值 CCC 与实测值 CCC 散点图

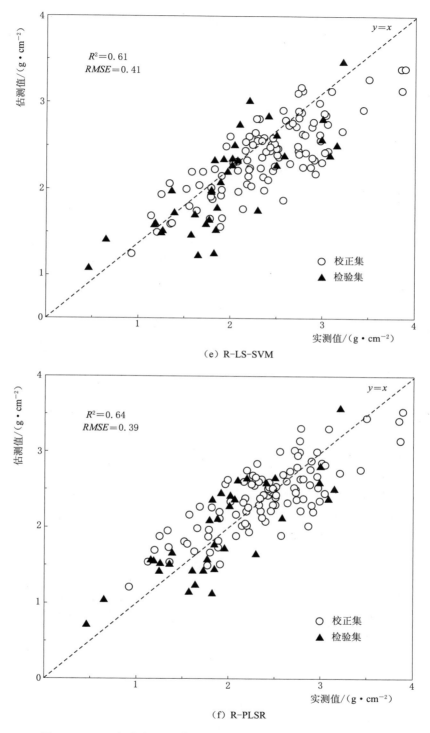

图 6.1（三） 冬小麦 CCC 模型估测值 CCC 与实测值 CCC 散点图

6.3　冬小麦 CCC 反演模型精度评定及遥感填图

6.3.1　冬小麦 CCC 反演模型精度评定

为了将建立的冬小麦 CCC 反演模型更好地应用于遥感影像上，需要将冠层上经优化选择的模型（REP‑CCC、PC‑LS‑SVM、WF‑SLR、WF‑LS‑SVM、R‑LS‑SVM 和 R‑PLSR）在像元尺度上进行精度评定，进而筛选出精度最优的模型，利用模型 R^2 和 $RMSE$ 作为模型精度评定指标。像元尺度冬小麦 CCC 反演模型精度评定结果见表 6.8。

表 6.8　　　　　　像元尺度冬小麦 CCC 反演模型精度评定（$n=38$）

特征类型	光谱特征	模型	R^2	$RMSE$
植被指数	REP	REP‑CCC	0.22	0.71
主成分	PC	PC‑LS‑SVM	0.28	0.63
小波特征	WF（2，3，4，8）	WF‑SLR	0.51	0.46
小波特征	WF（2，3，4，8）	WF‑LS‑SVM	0.58	0.40
波段反射率	R（3，10，13，16，18）	R‑LS‑SVM	0.42	0.93
波段反射率	全波段	R‑PLSR	0.30	0.91

由表 6.8 可以看出，冬小麦 CCC 反演模型在应用于遥感影像时，其估测精度均有不同程度的降低，其中以多元小波特征作为 LS‑SVM 的输入参数建立的 WF‑LS‑SVM 模型的估测精度最高（$R^2=0.58$，$RMSE=0.40$），其次为 WF‑SLR 模型和 R‑LS‑SVM 模型，其 R^2 分别为 0.51 和 0.42，$RMSE$ 分别为 0.46 和 0.63，R‑PLSR、PC‑LS‑SVM 以及 REP‑CCC 模型的估测精度最低，其 R^2 分别为 0.30、0.28 和 0.22，$RMSE$ 分别为 0.91、0.63 和 0.71；植被指数采用的波段信息相对较少，导致植被指数模型在应用于遥感影像时估测精度较低；WF‑LS‑SVM 模型的估测精度优于 R‑LS‑SVM 模型，这一结果说明与原始光谱波段相比，CWT 方法提取的小波能量系数含有的信息量多于原始光谱波段含有的信息量，基于小波能量系数构建的 WF‑LS‑SVM 模型估测精度较高，并且模型对拔节期和灌浆期 CCC 的反演有一定的适应性。

为了更加直观地对比冬小麦 CCC 反演模型在遥感影像上估测效果，绘制了 6 种模型在遥感影像上的估测值与实测值散点图，如图 6.2 所示。

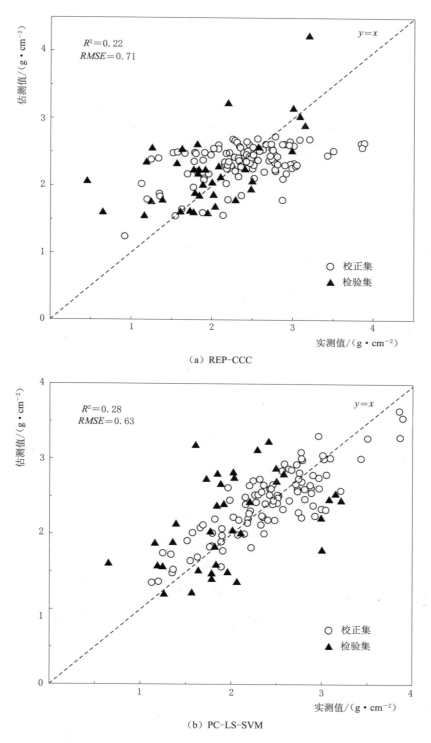

（a）REP-CCC

（b）PC-LS-SVM

图 6.2（一）　遥感影像上冬小麦 CCC 模型估测值与实测值散点图

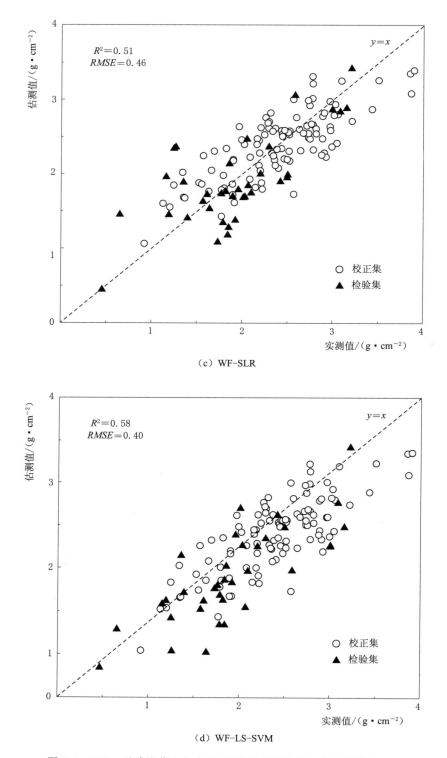

（c）WF-SLR

（d）WF-LS-SVM

图 6.2（二）　遥感影像上冬小麦 CCC 模型估测值与实测值散点图

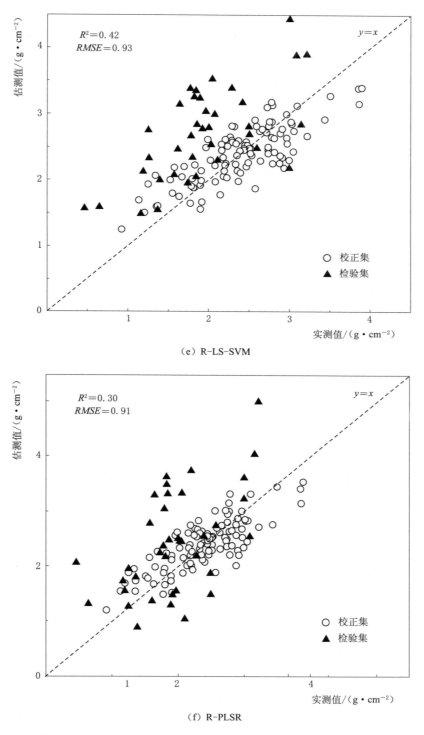

（e）R-LS-SVM

（f）R-PLSR

图 6.2（三） 遥感影像上冬小麦 CCC 模型估测值与实测值散点图

从图 6.2 中可以看出，REP‐CCC 以及 R‐LS‐SVM 和 R‐PLSR 在估测冬小麦
CCC 时容易出现高估的现象［图 6.2（a）、（e）和（f）］，WF‐SLR 和 WF‐LS‐SVM
可以在一定程度上减弱高估现象［图 6.2（c）、（d）］，与 REP‐CCC、PC‐LS‐SVM、
R‐LS‐SVM 以及 R‐PLSR 模型相比，WF‐LS‐SVM 模型估测值与实测值能较好
地分布于直线 $y=x$ 附近，说明 CWT 与 LS‐SVM 相结合构建的 WF‐LS‐SVM 模
型提高了 CCC 在遥感影像上的反演精度。

6.3.2 冬小麦CCC遥感填图

通过在遥感影像上对 CCC 反演模型进行精度评定，将估测精度最高的 WF‐LS‐
SVM 模型应用于大范围的遥感影像上。本书基于同步获取的 CHRIS 高光谱图像，通
过对其进行 CWT 处理，得到 CHRIS 高光谱图像在不同分解尺度的小波特征影像，
参照地面光谱 CWT 处理后采用逐步线性回归方法筛选出的小波特征，提取 CHRIS
高光谱图像对应的小波特征影像如图 6.3 所示。

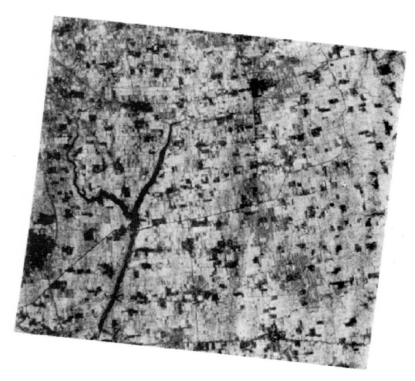

(a) WF2

图 6.3（一） 小波特征影像

（b）WF3

（c）WF4

图 6.3（二） 小波特征影像

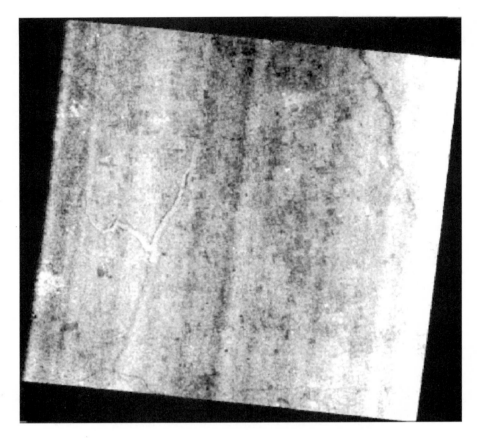

(d) WF8

图 6.3（三）　小波特征影像

在此基础上，将提取的小波特征影像输入利用地面校正集样本训练好的 LS -
SVM 模型中，得到基于 WF - LS - SVM 模型反演的 CCC，利用本书第 5.3.2 节中提
取的冬小麦种植区域分布图得到杨凌及周边地区冬小麦 CCC 分布图。

在获得杨凌及周边地区冬小麦 CCC 分级图的基础上，本书将其分为 8 级，分别
为：$CCC<0.44$，$0.44 \leqslant CCC<0.87$，$0.87 \leqslant CCC<1.31$，$1.31 \leqslant CCC<1.75$，$1.75 \leqslant$
$CCC<2.19$，$2.19 \leqslant CCC<2.62$，$2.62 \leqslant CCC<3.06$ 和 $CCC \geqslant 3.06$，最终得到杨凌及
周边地区冬小麦 CCC 分级图（图 6.4）。从中可以看出，该地区冬小麦 CCC 介于
$0.02 \sim 3.46 g/m^2$，在监测区域东北部和东南部地区，冬小麦 CCC 相对较大，在监测
区域西部和西南区域，冬小麦 CCC 相对较小，冬小麦 CCC 的反演结果与实际情况基
本相符。

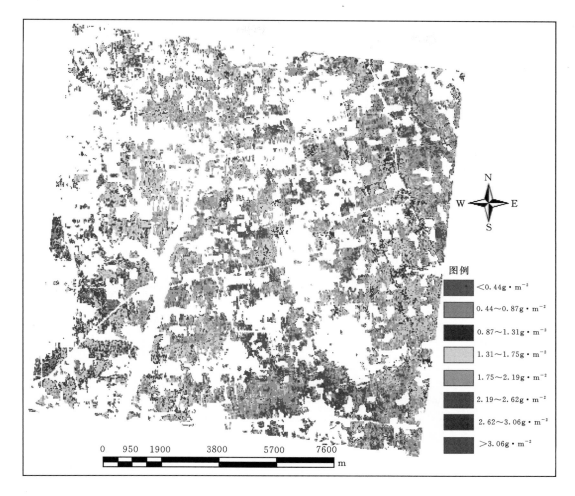

图例

	$<0.44g \cdot m^{-2}$
	$0.44 \sim 0.87g \cdot m^{-2}$
	$0.87 \sim 1.31g \cdot m^{-2}$
	$1.31 \sim 1.75g \cdot m^{-2}$
	$1.75 \sim 2.19g \cdot m^{-2}$
	$2.19 \sim 2.62g \cdot m^{-2}$
	$2.62 \sim 3.06g \cdot m^{-2}$
	$>3.06g \cdot m^{-2}$

0　950　1900　　3800　　5700　　7600
m

图 6.4　杨凌及周边地区冬小麦 CCC 分级图

6.4　本章小结

本章主要讨论了冬小麦 CCC 模型构建、模型优化选择、像元尺度模型精度评定以及 CCC 遥感填图。基于星-地同步实验数据，针对以往 CCC 反演中采用的波段信息少，模型稳定性差、受生育期等因素影响，在冠层上对冬小麦 CCC 模型进行优化选择，将优化选择的模型在遥感影像上进行精度评定，进而得到 CCC 反演的最佳模型，结合同步获取的 CHRIS 高光谱图像将模型推广应用至杨凌实验区，得到研究区冬小麦 CCC 的空间分布图。

第 7 章

结 论 与 展 望

7.1 主要结论

准确、快速地获取冬小麦生理生化参数是科学进行农业生产的基础，对于推进农业信息化、数字化和精准化建设具有重要意义。本书基于杨凌地面实验数据以及同步获取的 CHRIS 高光谱图像，构建了冬小麦 LAI 和 CCC 反演模型并对其进行优化选择，将优化选择的模型在影像尺度上进行精度评定，得到在冠层和遥感影像上普适性较好的冬小麦 LAI 和 CCC 反演模型，结合同步获取的 CHRIS 高光谱图像实现从地面监测到大区域范围的冬小麦 LAI 和 CCC 遥感反演，为大范围农业生产以及区域指导提供决策支持。本书主要结论如下：

（1）基于高斯函数模拟得到的 CHRIS 高光谱图像光谱响应函数，较好地实现了将地面高光谱数据重采样到与 CHRIS 高光谱图像波段信息一致；阐述了 CHRIS 高光谱图像噪声的来源和去除方法，并采用 HDFclean 实现了 CHRIS 高光谱图像的条带噪声去除，对比噪声去除前后的结果，表明条带噪声去除效果较好。

（2）利用经验线性校正法实现对 CHRIS 高光谱图像的经验性校正处理，通过与野外实测光谱进行对比，表明实测光谱与经验线性校正光谱在各波段的绝对误差小于 5%，取得了较好的结果。

（3）CWT 方法能够对光谱数据在多个尺度上进行分解，通过将提取的小波能量系数分别与冬小麦 LAI 和 CCC 进行相关性分析，共提取出 11 个对冬小麦 LAI 和 9 个对冬小麦 CCC 最为敏感的小波特征；与原始光谱相比，CWT 分解得到的小波能量系数增强了与冬小麦 LAI 和 CCC 的相关性；与植被指数模型相比，单一小波特征模型的反演精度较高，并且模型对拔节期和灌浆期有较好的适应性。

（4）通过对冠层上建立的冬小麦 LAI 反演模型进行优化选择，对比分析了经优化选择的冬小麦 LAI 反演模型在影像尺度的估测精度，发现耦合 CWT 与 LS－SVM 构建的 WF－LS－SVM 模型在遥感影像上的预测精度最高（$R^2=0.55$，$RMSE=0.67$），WF－SLR 模型的估测精度次之，其 R^2 和 $RMSE$ 分别为 0.45 和 0.78；再次为 R－LS－SVM、PC－LS－SVM 以及 MSR－LAI 模型，R－PLSR 模型在遥感影像上的估测精度最低（$R^2=0.22$，$RMSE=1.22$）；最后将 WF－LS－SVM 模型推广应用至实验区实现了杨凌及周边地区冬小麦 LAI 的地空一体化遥感监测。

（5）将 CWT 在特征提取方面的优势和 LS－SVM 在模型回归方面的优势相结合，构建了基于多元小波特征的冬小麦 CCC 反演模型，通过在冠层上对冬小麦 LAI 反演模型优化选择，并将其在遥感影像上进行精度评定，结果表明冬小麦 CCC 反演模型在应用至高光谱图像时，模型估测精度均有不同程度的降低，其中 CWT 和 LS – SVM 相结合建立的模型在遥感影像上的预测精度最高（$R^2 = 0.58$，$RMSE = 0.40$），模型估测精度优于其他几种模型，并且对拔节期和灌浆期有一定的适应性，较好地解决了植被指数法利用波段信息少，模型精度和稳定性低的问题。

7.2　主要创新点

本书的创新性主要体现在以下两方面：

（1）采用星-地同步实验数据，基于不同分解尺度的小波能量系数构建了冬小麦 LAI 反演模型，为 CHRIS 高光谱图像进行冬小麦大范围遥感监测提供基础。

（2）耦合 CWT 和 LS – SVM 实现了冬小麦 CCC 的遥感定量反演，并将其推广应用至杨凌实验区，提高了模型反演精度并且对拔节期和灌浆期有较好的适应性。

7.3　研究展望

本书围绕构建冬小麦 LAI 和 CCC 反演模型进行相关的研究，并取得了一些阶段性成果，今后在以下方面仍需要进一步深入研究：

（1）本书选取的作物类型较为单一且生育期较少，导致建立的模型没有对作物类型和更多生育期进行测试，具有一定的局限性。在今后的研究中需要对不同的作物类型在多个生育期开展实验，对模型的普适性进行测试。

（2）本书 CHRIS 高光谱图像只有 18 个波段，导致在 CWT 时不能将数据在更多尺度上进行分解，使得书中方法的优势不能充分体现。今后应尝试采用有更多波段的成像光谱数据进行测试分析。

参 考 文 献

［1］ 鞠昌华. 利用地-空高光谱遥感监测小麦氮素状况与生长特征 ［D］. 南京：南京农业大学，2008.

［2］ 杨勤英. 冬小麦叶面积指数与氮素垂直分布的高光谱反演研究 ［D］. 合肥：安徽大学，2014.

［3］ 农业信息化发展潜力大——专家解读"十二五"农业农村信息化 发展规划 ［J］. 农产品市场周刊，2012，12-15.

［4］ 肖艳芳. 植被理化参数反演的尺度效应与敏感性分析 ［D］. 北京： 首都师范大学，2013.

［5］ 王纪华，赵春江，黄文江，等. 农业定量遥感基础与应用 ［M］. 北京：科学出版社，2008.

［6］ 杨飞，张柏，宋开山，等. 大豆叶面积指数的高光谱估算方法比 较 ［J］. 光谱学与光谱分析，2008，28（12）：2951-2955.

［7］ 蒋金豹，陈云浩，黄文江. 用高光谱微分指数估测条锈病胁迫下 小麦冠层叶绿素密度 ［J］. 光谱学与光谱分析，2010，30（8）： 2243-2247.

［8］ Blackburn G A, Ferwerda J G. Retrieval of chlorophyll concentration from leaf reflectance spectra using wavelet analysis ［J］. Remote Sensing of Environment，2008，112（4）：1614-1632.

［9］ Curran P J, Dungan J L, Gholz H L. Exploring therelationship between reflectance red edge and chlorophyll content in slash pine ［J］. Tree Physiology，1990（7）：33-38.

［10］ Filella L, Serrano L, Peñuelas J. Evaluating wheat nitrogen status with canopy reflectance indices and discriminant analysis ［J］. Crop Science，1995（35）：1400-1405.

［11］ Davies K M. Plant pigments and their manipulation：Annual plant reviews ［M］. Oxford，UK：Blackwell Publishing，2004.

［12］ Chen J M, Cihlar J. Retrieving leaf area index of boreal conifer forests using Landsat TM images ［J］. Remote Sensing of Environment，1996，55（2）：153-162.

［13］ Broge N H, Mortensen J V. Deriving green crop area index and canopy chlorophyll density of winter wheat from spectral reflcetance data ［J］. Remote Sensing of Environment，2002（81）：45-57.

［14］ 蔡庆空，蒋金豹，陶亮亮，等. 联合主成分分析与最小二乘支持 向量机估测冬小麦叶面积指数 ［J］. 麦类作物学报，2014，34（9）：

1292 – 1296.

[15] Houborg R，Boegh E. Mapping leaf chlorophyll and leaf area using inverse and forward canopy reflectance modeling and SPOT reflectance data ［J］. Remote Sensing of Environment，2008，112：186 – 202.

[16] 赵英时，等 . 遥感应用分析原理与方法 ［M］. 北京：科学出版社，2003.

[17] 李鑫川，徐新刚，鲍艳松，等 . 基于分段方式选择敏感植被指数的冬小麦叶面积指数遥感反演 ［J］. 中国农业科学，2012，45（17）：3486 – 3496.

[18] Martinez – Beltran C，Jochum M A，Osann C A，et al. Multisensor comparison of NDVI for a semi – arid environment in Spain ［J］. International Journal of Remote Sensing，2009，30（5）：1355 – 1384.

[19] 梁栋，管青松，黄文江，等 . 基于支持向量机回归的冬小麦叶面积指数遥感反演 ［J］. 农业工程学报，2013，29（7）：117 – 123.

[20] 李江波，赵春江，陈立平，等 . 基于可见近红外光谱谱区有效波长的梨品种鉴别 ［J］. 农业机械学报，2013，44（3）：153 – 157.

[21] 李晓丽，胡兴越，何勇 . 基于主成分和多类判别分析的可见近红外光谱水蜜桃品种鉴别新方法 ［J］. 红外与毫米波学报，2006，25（6）：417 – 420.

[22] 陈云浩，蒋金豹，黄文江，等 . 主成分分析法与植被指数经验方法估测冬小麦条锈病严重度的对比研究 ［J］. 光谱学与光谱分析，2009，29（8）：2161 – 2165.

[23] 彭望琭，余先川，周涛，等 . 遥感与图像解译 ［M］. 北京：电子工业出版社，2003.

[24] 陈述彭，童庆喜，郭华东 . 遥感信息机理研究 ［M］. 北京：科学出版社，1998.

[25] 李小文，王锦地，Strahler A H. 尺度效应及几何光学模型用于尺度纠正 ［J］. 中国科学（E辑），2000，30（8）：12 – 17.

[26] Cheng T，Rivard B，Sánchez – Azofeifa G A. Spectroscopic determination of leaf water content using continuous wavelet analysis ［J］. Remote Sensing of Environment，2011，115（2）：659 – 670.

[27] Luo J H，Huang W J，Yuan L，et al. Evaluation of spectral indices and continuous wavelet analysis to quantify aphid infestation in wheat ［J］. Precision Agriculture，2013（14）：151 – 161.

[28] Cheng T，Riaño D，Ustin S L. Detecting diurnal and seasonal variation in canopy water content of nut tree orchards from airborne imaging spectroscopy data using continuous wavelet analysis ［J］. Remote Sensing of Environment，2014（143）：39 – 53.

[29] Henry W B，Shaw D R，Reddy K R，et al. Remote sensing to detect

herbicide drift on crops [J]. Weed Technology, 2004 (18): 358 – 368.

[30] Koger C H, Bruce L M, Shaw D R, et al. Wavelet analysis of hyperspectral reflectance data for detecting pitted morning glory (Ipomoea lacunosa) in soybean (Glycine max) [J]. Remote Sensing of Environment, 2003 (86): 108 – 119.

[31] Pu R L, Gong P. Wavelet transform applied to EO – 1 hyperspectral data for forest LAI and crown closure mapping [J]. Remote Sensing of Environment, 2004 (91): 212 – 224.

[32] 廖钦洪, 顾晓鹤, 李存军, 等. 基于连续小波变换的潮土有机质含量高光谱估算 [J]. 农业工程学报, 2012, 28 (3): 132 – 139.

[33] Cai Q K, Jiang J B, Cui X M, et al. Application of effective wavelengths in near infrared region for variety identification of minerals [J]. Energy Education Science and Technology Part A: Energy Science and Research, 2014, 32 (6): 6801 – 6810.

[34] Ying Y B, Liu Y D. Nondestructive measurement of internal quality in pear using genetic algorithms and FT – NIR spectroscopy [J]. Journal of Food Engineering, 2008 (84): 206 – 213.

[35] Wu D, He Y, Feng S, et al. Study on infrared spectroscopy technique for fast measurement of protein content in milk powder based on LS – SVM [J]. Journal of Food Engineering, 2008 (84): 124 – 131.

[36] Wang F M, Huang J F, Wang Y, et al. Estimating nitrogen concentration in rape from hyperspectral data at canopy level using support vector machines [J]. Precision Agriculture, 2013 (14): 172 – 183.

[37] Durbha S S, King R L, Younan N H. Support vector machines regression for retrieval of leaf area index from multiangle imaging spectroradiometer [J]. Remote Sensing of Environment, 2007 (107): 348 – 361.

[38] 刘飞, 王莉, 何勇. 应用有效波长进行奶茶品种鉴别的研究 [J]. 浙江大学学报·工学版, 2010, 44 (3): 619 – 628.

[39] Cheng T, Rivard B, Sánchez – Azofeifa G A, et al. Continuous wavelet analysis for the detection of green attack damage due to mountain pine beetle infestation [J]. Remote Sensing of Environment, 2010 (114): 899 – 910.

[40] Cheng T, Rivard B, Sánchez – Azofeifa G A, et al. Predicting leaf gravimetric water content from foliar reflectance across a range of plant species using continuous wavelet analysis [J]. Journal of Plant Physiology, 2012 (169): 1134 – 1142.

[41] European Space Agency, CHRIS – on – PROBA Mission [EB/OL].

[2005 – 07 – 06] http：//www. CHRIS – PROBA. org. uk/.

[42] Surrey Satellite Technology LTD，CHRIS Data Format Document，[2008 – 07 – 07].

[43] 韦玮. 基于多角度高光谱 CHRIS 数据的湿地信息提取技术研究 [D]. 北京：中国林业科学研究院，2011.

[44] Chen J M，Pavlic G，Brown L，et al. Derivation and validation of Canada – wide coarse – resolution leaf area index maps using high – resolution satellite imagery and ground measurements [J]. Remote Sensing of Environment，2002，80（1）：165 – 184.

[45] Privette J L，Myneni R B，Knyazikhin Y，et al. Early spatial and temporal validation of MODIS LAI product in the southern Africa Kalahari [J]. Remote Sensing of Environment，2002，83（1）：232 – 243.

[46] Dash J，Curran P J. The MERIS terrestrial chlorophyll index [J]. International Journal of Remote Sensing，2004，25（23）：5403 – 5413.

[47] Myneni R B，Hoffman S，Knyazikhin Y，et al. Global products of vegetation leaf area and fraction absorbed PAR from year one of MO-DIS data [J]. Remote Sensing of Environment，2002，83（1）：214 – 231.

[48] 夏天，周勇，周清波，等. 基于高光谱遥感和 HJ – 1 卫星的冬小麦 SPAD 反演研究 [J]. 长江流域资源与环境，2013，22（3）：307 – 313.

[49] 石月婵，杨贵军，冯海宽，等. 北京山区森林叶面积指数季相变化遥感监测 [J]. 农业工程学报，2012，28（15）：133 – 139.

[50] 陈雪洋，蒙继华，杜鑫，等. 基于环境星 CCC 数据的冬小麦叶面积指数遥感监测模型研究 [J]. 国土资源遥感，2010，（2）：55 – 58.

[51] 何亚娟，潘学标，裴志远，等. 基于 SPOT 遥感数据的甘蔗叶面积指数反演和产量估算 [J]. 农业机械学报，2013，44（5）：226 – 231.

[52] 郑兰芬，王晋年. 成像光谱遥感技术及其图像光谱信息提取的分析研究 [J]. 遥感学报，1992，7（1）：49 – 59.

[53] 姚付启. 冬小麦高光谱特征及其生理生态参数估算模型研究 [D]. 杨凌：西北农林科技大学，2012.

[54] Green R O，Eastwood M L，Sarture C M，et al. Imaging spectroscopy and the airborne visible/infrared imaging spectrometer（AVIRIS）[J]. Remote Sensing of Environment，1998（65）：227 – 248.

[55] Barnsley M J，Settle J J，Cutter M A，et al. The PROBA/CHRIS mission：a low – costsmallsat for hyperspectral multiangle observa-

tions of the earth surface and atmosphere [J]. IEEE Transactions on Geoscience and Remote Sensing, 2004, 42 (7): 1512－1520.

[56] 杨可明，陈云浩，郭达志，等. 基于 PHI 高光谱影像的植被光谱特征应用研究 [J]. 西安科技大学学报，2006 (4): 494－498.

[57] 刘银年，薛永棋，王建宇，等. 实用型模块化成像光谱仪 [J]. 红外与毫米波学报 2002 (1): 9－13.

[58] 中国科学院空间应用工程与技术中心（筹）. 空间应用系统天宫一号目标飞行器和神舟八号飞船交会对接任务 [J]. 中国科学院院刊，2012，27 (1): 99－102.

[59] 中国科学院空间应用总体部. 天宫一号高光谱成像仪成功用于地球环境监测 [EB/OL]. [2012－07－13/2012－09－10] http://www.cmse.gov.cn/news/show.php? itemid=2555.

[60] 刘新杰，刘良云，李绪志，等. 天宫一号高光谱成像仪数据与环境星 CCD 数据分类效果比较研究 [J]. 遥感信息，2013，28 (3): 74－79.

[61] Jago R A, Cutler M E J, Curran P J. Estimating canopy chlorophyll concentration from field and airborne spectra [J]. Remote Sensing of Environment, 1999, (68): 217－224.

[62] Pu R L, Gong P, Biging G, et al. Retrieval of surface reflectance and LAI mapping with data from ALI, Hyperion and AVIRIS [C]. Proceedings of the IEEE International Geoscience and Remote Sensing Symposium (IGARSS 2002), 2002, 1411－1413.

[63] Gamon J A, Peuelas J, Field C B. A narrow waveband spectral index that tracks diurnal changes in photosynthetic efficiency. Remote Sensing of Environment [J]. 1992, 41 (1): 35－44.

[64] 姜海玲. 基于高光谱遥感的植被生化参量反演及真实性检验研究 [D]. 长春：东北师范大学，2011.

[65] 吴朝阳，牛铮. 植被光化学植被指数对叶片生化组分参数的敏感性 [J]. 中国科学院研究生院学报，2008，25 (3): 346－354.

[66] Yang F, Sun J L, Fang H L, et al. Comparison of different methods for corn LAI estimation over northeastern China [J]. International Journal of Applied Earth Observation and Geoinformation, 2012, (18): 462－471.

[67] Curran P J. Remote sensing of foliar chemistry [J]. Remote Sensing of Environment, 1989 (30): 271－278.

[68] Huber S, Kneubuhler M, Psomas A, et al. Estimating foliar biochemistry from hyperspectral data in mixed forest canopy [J]. Forest Ecology and Management, 2008 (256): 491－501.

[69] 李新辉，宋小宁，冷佩，等. 利用 CHRIS/PROBA 数据定量反演草地 LAI 方法研究 [J]. 国土资源遥感，2011，90 (3): 61－66.

[70] 田永超，朱艳，曹卫星，等．小麦冠层反射光谱与植株水分状况的关系 [J]．应用生态学报，2004，15 (11)：2072-2076．

[71] 薛利红，曹卫星，罗卫红，等．小麦叶片氮素状况与光谱特性的相关研究 [J]．植物生态学报，2004，28 (2)：172-177．

[72] 张喜杰，李民赞，张彦娥，等．基于自然光反射光谱的温室黄瓜叶片含氮量预测 [J]．农业工程学报，2004，20 (6)：11-14．

[73] 尹芳，江东，刘磊．基于环境星 HSI 影像的草地叶面积指数反演 [J]．遥感技术与应用，2011，26 (3)：360-364．

[74] 吴见，侯兰功，王栋．基于 Hyperion 影像的玉米冠层叶绿素含量估算 [J]．农业工程学报，2014，30 (6)：116-123．

[75] 张霞，刘良云，赵春江，等．利用高光谱遥感图像估算小麦氮含量 [J]．遥感学报，2003，7 (3)：176-182．

[76] 蒋金豹，黄文江，陈云浩．用冠层光谱比值指数反演条锈病胁迫下的小麦含水量 [J]．光谱学与光谱分析，2010，30 (7)：1939-1943．

[77] 蒋金豹，陈云浩，黄文江．病害胁迫下冬小麦冠层叶片色素含量高光谱遥感估测研究 [J]．光谱学与光谱分析，2007，27 (7)：1363-1367．

[78] 蒋金豹，陈云浩，黄文江，等．条锈病胁迫下冬小麦冠层叶片氮素含量的高光谱估测模型 [J]．农业工程学报，24 (1)：35-39．

[79] 梁亮，张连蓬，林卉，等．基于导数光谱的小麦冠层叶片含水量反演 [J]．中国农业科学，2013，46 (1)：18-29．

[80] 梁亮，杨敏华，张连蓬，等．基于 SVR 算法的小麦冠层叶绿素含量高光谱反演 [J]．农业工程学报，2012，28 (20)：162-171．

[81] 陈君颖，田庆久，等．基于 Hyperion 影像的水稻冠层生化参量反演 [J]．遥感学报，2009，(6)：1106-1121．

[82] 冯晓明．多角度 MISR 数据用于区域生态环境定量遥感研究 [D]．北京：中国科学院研究生院，2006．

[83] 王亚楠．长白山地区植被结构参数多角度遥感反演 [D]．长春：吉林大学，2010．

[84] Stavrous S, Nikos M, Olga S, et al. Monitoring canopy biophysical and biochemical parameters in ecosystem scale using satellite hyperspectral imagery: An application on a Phlomis fruticosa Mediterranean ecosystem using multiangular CHRIS/PROBA observations [J]. Remote Sensing of Environment, 2010 (114): 977-994.

[85] Delegido J, Fernandez G, Gandia S, et al. Retrieval of chlorophyll content and LAI of crops using hyperspectral techniques: application to PROBA/CHRIS data [J]. International Journal of Remote Sensing, 2008, 29 (24): 7107-7127.

[86] Asner G P, Wessman C A, Schimel D S, et al. Variability in Leaf and Litter Optical Properties: Implications for BRDF Model Inversion Using AVHRR, MODIS, and MISR [J]. Remote Sensing of Environment, 1998 (63): 243 - 257.

[87] Huber S, Kneubuehler M, Koetz B, et al. The potential of spectro-directional CHRIS/PROBA data for biochemistry estimation [C]. In: H. Lacoste & L. Ouwehand (Eds.), Envisat Symposium, 23 - 27 April, 2007, Switzerland.

[88] Olga S, Dimitris P, Stavros S, et al. Band depth analysis of CHRIS/PROBA data for the study of a Mediterranean natural ecosystem. Correlations with leaf optical properties and ecophysiological parameters [J]. Remote Sensing of Environment, 2011, (115): 752 - 766.

[89] Houborg R, Soegaard H, Boegh E. Combining vegetation index and model inversion methods for the extraction of key vegetation biophysical parameters using Terra and Aqua MODIS reflectance data [J]. Remote Sensing of Environment, 2007, 106 (1): 39 - 58.

[90] 赵春江, 黄文江, 王纪华, 等. 用多角度光谱信息反演冬小麦叶绿素含量垂直分布 [J]. 农业工程学, 2006, 22 (6): 104 - 109.

[91] 黄文江, 王纪华, 刘良云, 等. 基于多时相和多角度光谱信息的作物株型遥感识别初探 [J]. 农业工程学报, 2005, 21 (6): 82 - 86.

[92] 盖利亚, 刘正军, 张继贤. CHRIS/PROBA 高光谱数据的预处理 [J]. 测绘工程, 2008, 17 (1): 40 - 43.

[93] 申茜, 张兵, 李俊生, 等. 航天高光谱遥感器 CHRIS 的水体图像大气校正 [J]. 测绘学报, 2008, 37 (4): 476 - 488.

[94] 邢著荣. 基于辐射传输模型和 CHRIS 数据反演春小麦 LAI [D]. 青岛: 山东科技大学, 2010.

[95] 王明常, 牛雪峰, 陈圣波, 等. 基于 DART 模型的 PROBA/CHRIS 数据叶面积指数反演 [J]. 吉林大学学报 (地球科学版), 2013, 43 (3): 1033 - 1039.

[96] 王李娟, 牛铮, 侯学会, 等. 基于 CHRIS 数据的新型植被指数的 LAI 估算研究 [J]. 光谱学与光谱分析, 2013, 33 (4): 1082 - 1086.

[97] 杨贵军, 黄文江, 王纪华, 等. 多源多角度遥感数据反演森林叶面积指数方法 [J]. 植物学报, 2010, 45 (5): 566 - 578.

[98] Gitelson A A, Keydan G P, Merzlyak M N. Three - band model for noninvasive estimation of chlorophyll carotenoids and anthocyanin contents in higher plant leaves [J]. Geophysical Research Letters, 2006, 33 (11): 1 - 5.

［99］ Stenberg P，Rautiainen M，Manninen T，et al. Reduced simple ratio better than NDVI for estimating LAI in Finnish pine and spruce stands ［J］. Silva Fennica，2004，38（1）：3－14.

［100］ Schlerf M，Atzberger C，Hill J. Remote sensing of forest biophysical variables using HyMap imaging spectermeter data ［J］. Remote Sensing of Environment，2005，95（2）：117－194.

［101］ Maire G L，Francois C，Soudani K. Calibration and validation of hyperspectral indices for the estimation of broadleaved forest leaf chlorophyll content，leaf mass per area，leaf area index and leaf canopy biomass ［J］. Remote Sensing of Environment，2008，112（10）：3846－3864.

［102］ Delegido J，Fernandez G，Gandia S，et al. Retrieval of chlorophyll content and LAI of crops using hyperspectral techniques：application to PROBA/CHRIS data ［J］. International Journal of Remote Sensing，2008，29（24）：7107－7127.

［103］ 陈雪洋，蒙继华，杜鑫，等. 基于环境星 CCC 数据的冬小麦叶面积指数遥感监测模型研究 ［J］. 国土资源遥感，2010，84（2）：55－62.

［104］ 唐延林，王秀珍，王福民，等. 农作物 LAI 和生物量的高光谱法测定 ［J］. 西北农林科技大学学报（自然科学版），2004，32（4）：100－104.

［105］ 王秀珍，王人潮，黄敬峰. 微分光谱遥感及其在水稻农学参数测定上的应用研究 ［J］. 农业工程学报，2002，18（1）：9－13.

［106］ 赵春江，黄文江，王纪华，等. 不同品种、肥水条件下冬小麦光谱红边参数研究 ［J］. 中国农业科学，2002，35（8）：980－987.

［107］ 姚付启，张振华，杨润亚. 基于红边参数的植被叶绿素含量高光谱估算模型 ［J］. 农业工程学报，2009，25（2）：123－129.

［108］ 王纪华，赵春江，郭晓维，等. 用光谱反射率诊断小麦叶片水分状况的研究 ［J］. 中国农业科学，2001，34（1）：104－107.

［109］ 张佳华，许云，姚凤梅，等. 植被含水量光学遥感估算方法研究进展 ［J］. 中国科学：技术科学，2010，40（10）：1121－1129.

［110］ Danson F M，Steven M D，Malthus T J，et al. High spectral resolution data for determining leaf water content ［J］. International Journal of Remote Sensing，1992，13（3）：461－470.

［111］ Knipling E B. Physical and physiological basis for the reflectance of visible and near infrared radiation from vegetation ［J］. Remote Sensing of Environment，1970（1）：155－159.

［112］ Carter G A. Primary and secondary effects of water content on the spectral reflectance of leaves ［J］. American Journal of Botany，1991（78）：916－924.

[113] 吉海彦，王鹏新，严泰来．冬小麦活体叶片叶绿素和水分含量与反射光谱的模型建立 [J]．光谱学与光谱分析，2007，27（3）：514－516．

[114] Gao B C, Goetz A F H. Retrieval of equivalent water thickness and information related to biochemical components of vegetation canopies from AVIRIS data [J]. Remote Sensing of Environment, 1995 (52): 155 - 162.

[115] Gitelson A A, Kaufman Y J, Merzlyak M N. Use of a green channel in remote sensing of global vegetation from EOS - MODIS [J]. Remote Sensing of Environment, 1996, 58 (3): 289 - 298.

[116] 孟庆野，董恒，秦其明，等．基于高光谱遥感监测植被叶绿素含量的一种植被指数 MTCARI [J]．光谱学与光谱分析，2012，32（8）：2218－2222．

[117] 刘占宇，黄敬峰，王福民，等．估算水稻叶面积指数的调节型归一化植被指数 [J]．中国农业科学，2008，41（10）：3350－3356．

[118] Olga S, Dimitris P, Stavros S, et al. Band depth analysis of CHRIS/PROBA data for the study of a Mediterranean natural eco-system. Correlations with leaf optical properties and ecophysiological parameters [J]. Remote Sensing of Environment, 2011, 115: 752 - 766.

[119] Demetriades - Shah T H, Steven M D, Clark J A. High resolution derivative spectra in remote sensing [J]. Remote Sensing of Environment, 1990 (33): 55 - 64.

[120] 梁亮，杨敏华，臧卓．利用可见/近红外光谱测定小麦叶面积指数的改进研究 [J]．激光与红外，2010，40（11）：1205－1210．

[121] 张良培，郑兰芬，童庆禧．利用高光谱对生物变量进行估计 [J]．遥感学报，1997，1（2）：111－114．

[122] 牛铮，陈永华，隋洪智，等．叶片化学组分成像光谱遥感探测机理分析 [J]．遥感学报，2000，4（2）：125－129．

[123] Meroni M, Colombo R, Panigada C. Inversion of a radiative transfer model with hyperspectral observations for LAI mapping in poplar plantations [J]. Remote Sensing of Environment, 2004, 92 (2): 195 - 206.

[124] 李映雪，朱艳，戴廷波，等．小麦叶面积指数与冠层反射光谱的定量关系 [J]．应用生态学报，2006，17（8）：1443－1447．

[125] 林卉，梁亮，张连蓬，等．基于支持向量机回归算法的小麦叶面积指数高光谱遥感反演 [J]．农业工程学报，2013，29（11）：139－146．

[126] Wout V, Heike B. Coupled soil - leaf - canopy and atmosphere radiative transfer modeling to simulate hyperspectral multi - angular

surface reflectance and TOA radiance data [J]. Remote Sensing of Environment，2007，109（2）：166－182.

[127] Jacquemoud S，Baret F. PROSPECT：a model of leaf optical properties spectra [J]. Remote Sensing of Environment，1990（34）：75－91.

[128] Feret J B，Franyois C，Asner G R，et al. PROSPECT－4 and 5：advances in the leaf optical properties model separating photosynthetic pigments [J]. Remote Sensing of Environment，2008（112）：3030－3043.

[129] Verhoef W. Light scattering by leaf layers with application to canopy reflectance modeling：the SAIL model [J]. Remote Sensing of Environment，1984（16）：125－141.

[130] Suits G H. The calculation of the directional reflectance of vegetation canopy [J]. Remote Sensing of Environment，1972，3（3）：117－125.

[131] 孙源，顾行发，余涛，等. 基于 HJ－1A CCD 数据的辐射传输模型反演叶面积指数研究 [J]. 安徽农业科学，2011，39（8）：5021－5015.

[132] 杨曦光，范文义，于颖，等. 基于 PROSPECT＋SAIL 模型的森林冠层叶绿素含量反演 [J]. 光谱学与光谱分析，2010，30（11）：3022－3026.

[133] 李淑敏，李红，孙丹峰，等. PROSAIL 冠层光谱模型遥感反演区域叶面积指数 [J]. 光谱学与光谱分析，2009，29（10）：2725－2729.

[134] 杨飞，孙九林，张柏，等. 基于 PROSAIL 模型及 TM 与实测数据的 MODIS LAI 精度评价 [J]. 农业工程学报，2010，26（4）：192－197.

[135] Fang H L，Liang S L. Retrieving leaf area index with a neural network method：simulation and validation [J]. IEEE Transaction on Geoscience and Remote Sensing，2003，41（9）：2052－2062.

[136] Navarro－Cerrillo R M，Trujillo J. Hyperspectral and multispectral satellite sensors for mapping chlorophyll content in a Mediterranean Pinus sylvestris L. plantation [J]. International Journal of Applied Earth Observationand Geoinformation，2014，26（2）：88－96.

[137] Baret F，Hagolle O，Geiger B，et al. LAI，FAPAR and FCover CYCLOPES global products derived from VEGETATION Part 1：Principles of the algorithm [J]. Remote Sensing of Environment，2007，110（3）：275－286.

[138] Darvishzadeh R，Skidmore A，Schlerf M，et al. Inversion of a radiative transfer model for estimating vegetation LAI and chlorophyll

in a heterogeneous grassland [J]. Remote Sensing of Environment, 2008, 112 (5): 2592 - 2604.

[139] Vohland M, Mader S, Dorgio W. Applying different inversion techniques to retrieve stand variables of summer barely with PROSPECT + SAIL [J]. International Journal of Applied Earth Observation and Geoinformation, 2010, 12 (2): 71 - 80.

[140] Stephane J, Wout V, Frédéric B, et al. PROSPECT + SAIL models: A review of use for vegetation characterization [J]. Remote Sensing of Environment, 2009 (113): 56 - 66.

[141] Robinson I, Negron J, et al. An improved estimate of leaf area index based on the histogram analysis of hemispherical photographs [J]. Agricultural and Forest Meteorology, 2009 (49): 920 - 928.

[142] 刘晓臣, 范闻捷, 田庆久, 等. 不同叶面积指数反演方法比较研究 [J]. 北京大学学报 (自然科学版), 2008, 44 (5): 827 - 834.

[143] 蔡博峰, 绍霞. 基于 PROSPECT + SAIL 模型的遥感叶面积指数反演 [J]. 国土资源遥感, 2007 (2): 39 - 43.

[144] 吴伶, 刘湘南, 周博天, 等. 利用 PROSPECT + SAIL 模型反演植物生化参数的植被指数优化模拟 [J]. 应用生态学报, 2012, 23 (12): 3250 - 3256.

[145] 赵虹, 鲁蕾, 颉耀文. 基于 PROSPECT + SAIL 模型反演叶面积指数的较强适用性植被指数的筛选 [J]. 兰州大学学报 (自然科学版), 2014, 50 (1): 89 - 94.

[146] 刘洋, 刘荣高, 刘斯亮, 等. 基于物理模型训练神经网络的作物叶面积指数遥感反演研究 [J]. 地球信息科学学报, 2010, 12 (3): 426 - 435.

[147] 吴琼, 包玉海, 张宏斌, 等. 基于 PROSAIL 模型及 HJ - 1A - CCD2 影像的 MODIS/LAI 产品精度验证 [J]. 草业科学, 2014, 31 (3): 399 - 407.

[148] 石锋. 基于 HJ - 1B 星影像和 PROSAIL 模型相思树 LAI 反演 [D]. 福州: 福建师范大学, 2012.

[149] 于海影. 基于 RS 和 GIS 的杨凌区土地利用变化及评价 [D]. 杨凌: 西北农林科技大学, 2014.

[150] 吴喜慧. 基于高分辨率遥感影像的杨凌区土地利用/覆被变化研究 [D]. 杨凌: 西北农林科技大学, 2010.

[151] 刘雪娇. 基于遥感的杨凌区土地利用/土地覆被变化及驱动力分析 [D]. 杨凌: 西北农林科技大学, 2013.

[152] Chen J M, Rich P M, Gower S T, et al. Leaf area index of boreal forests: theory, techniques, and measurements [J]. Journal of Geophysical Research, 1997 (102): 29429 - 29444.

[153] Gitelson A A, Viña A, Ciganda V, et al. Remote estimation of can-

opy chlorophyll content in crops [J]. Geophysical Research Letters, 2005, 32, L08403.

[154] Barnsley M J, Settle J J, Cutter M A, et al. The PROBA/CHRIS Mission: A low-cost smallsat for hyperspectral multiangle observations of the earth surface and atmosphere [J]. IEEE Transactions on Geoscience and Remote Sensing, 2004, 42 (7): 1512-1520.

[155] Zhang J, Rivard B, Sanchez-Azofeifa A, et al. Intra- and inter-class spectral variability of tropical tree species at La Selva, Costa Rica: implications for species identification using HYDICE imagery [J]. Remote Sensing of Environment, 2006 (105): 129-141.

[156] Farge M. Wavelet transforms and their applications to turbulence [J]. Annual Review of Fluid Mechanics, 1992 (24): 395-458.

[157] Torrence C, Compo G P. A practical guide to wavelet analysis [J]. Bulletin of the American Meteorological Society, 1998 (79): 61-78.

[158] Zhang J C, Pu R L, Huang W J, et al. Using in-situ hyperspectral data for detecting and discriminating yellow rust disease from nutrient stresses [J]. Field Crops Research, 2012 (134): 165-174.

[159] Núñez J, Otazu X, Fors O, et al. Multiresolution-based image fusion with additive wavelet decomposition [J]. IEEE Transactions on Geoscience and Remote Sensing, 1999 (37): 1204-1211.

[160] Simhadri K K, Lyengar S S, Holyer R J, et al. Wavelet-based feature extraction from oceanographic images [J]. IEEE Transactions on Geoscience and Remote Sensing, 1998 (36): 767-778.

[161] Blackburn G A. Wavelet decomposition of hyperspectral data: a novel approach to quantifying pigment concentrations in vegetation [J]. International Journal of Remote Sensing, 2007 (28): 2831-2855.

[162] Cai Q K, Jiang J B, Cui X M, et al. Retrieval of leaf area index of winter wheat at different growth stages using continuous wavelet analysis [J]. Nature Environment and Pollution Technology, 2014, 13 (3): 491-498.

[163] Bruce L M, Li J. Wavelets for computationally efficient hyperspectral derivative analysis [J]. IEEE Transactions on Geoscience and Remote Sensing, 2001 (39): 1540-1546.

[164] 张竞成. 多源遥感数据小麦病害信息提取方法研究 [D]. 杭州: 浙江大学, 2012.

[165] 袁德宝. GPS变形监测数据的小波分析与应用研究 [J]. 北京: 中国矿业大学 (北京), 2009.

[166] Miller J R, Hare E W, Wu J. Quantitative characterization of the

vegetation red edge reflectance I: an inverted – gaussian reflectance model [J]. International Journal of Remote Sensing, 1990 (11): 1755 – 1773.

[167] le Maire G, François C, Dufrêne E. Towards universal broad leaf chlorophyll indices using PROSPECT simulated database and hyperspectral reflectance measurements [J]. Remote Sensing of Environment, 2004, 89 (1): 1 – 28.

[168] Vapnik V N. Statistical learning theory [M]. New York: Wiley, 1998.

[169] Vapnik V N. Thenature of statistical learning theory [M]. New York: Springer – Verlag, 1995.

[170] 黄山. 基于 "3S" 技术的洪泛湿地水深测算模型研究 [D]. 成都: 西南大学, 2011.

[171] 丁世飞, 齐丙娟, 谭红艳. 支持向量机理论与算法研究综述 [J]. 电子科技大学学报, 2011, 40 (1): 2 – 10.

[172] Tin – Yau Kwok J. Support vector mixture for classification and regression problems [C]. //Proceedings of 14th international conference on pattern recognition, 1998: 255 – 258.

[173] 田庆久, 王品晶, 杜心栋. 江苏近海岸水深遥感研究 [J]. 遥感学报, 2007, 11 (3): 373 – 378.

[174] George D G. Bathymetric mapping using a Compact Airborne Spectrographic imager (CASI) [J]. International Journal of Remote Sensing, 1997 (18): 2067 – 2071.

[175] Suykens J A K, Vandewalle J. Least squares support vector machine classifiers [J]. Neural Processing Letters, 1999, 9 (3): 293 – 300.

[176] 赵琨. 非标准支持向量机 [M]. 北京: 对外经贸大学出版社, 2010.

[177] Jordan C F. Derivation of leaf area index from quality of light on the forest floor [J]. Ecology, 1969 (50): 663 – 666.

[178] Richardson A J, Wiegand C L. Distinguishing vegetation from soil background information [J]. Photogrammetry Enginerring & Remote Sensing, 1977, 43 (12): 1541 – 1552.

[179] Rouse J W, Haas R H, Schell J A, et al. Monitoring vegetation systems in the great plain with ERTS [C] //Proceedings of the 3rd ERTS Symposium. 1973: 48 – 62.

[180] Chen J M. Evaluation of vegetation indices and a modified simple ratio for boreal applications [J]. Canadian Journal of Remote Sensing, 1996 (22): 229 – 242.

[181] Roujean J L, Breon F M. Estimating PAR absorbed by vegetation

from bidirectional reflectance measurements [J]. Remote Sensing of Environment, 1995, 51 (3): 375 – 384.

[182] Gamon J A, Serrano L, Surfus J S. The photochemical reflectance index: an optical indicator of photosynthetic radiation use efficiency across species, functional types, and nutrient levels [J]. Oecologia, 1997, 112 (4): 492 – 501.

[183] Goel N S, Quin W. Influences of canopy architecture on relationshipsbetween various vegetation indexes and LAI and FPAR: a computer simulation [J]. Remote Sensing of Environment, 1994, 10 (4): 309 – 347.

[184] Liu H Q, Huete A R. A feedback based modification of the NDVI to minimize canopy background and atmosphere noise [J]. IEEE Transaction on Geoscience and Remote Sensing, 1995, 33 (2): 457 – 465.

[185] Qi J, Chehbouni A L, Huete A R, et al. A modified soil adjusted vegetation index (MSAVI) [J]. Remote Sensing of Environment, 1994, 48 (2): 119 – 126.

[186] Kaufman Y J, Tanre D. Atmospherically resistant vegetation index (ARVI) for EOS – MODIS [J]. IEEE Transaction on Geoscience and Remote Sensing, 1992, 30 (2): 261 – 270.

[187] Rondeaux G, Steven M, Baret F. Optimization of soil – adjusted vegetation indices [J]. Remote Sensing of Environment, 1996, 55 (2): 95 – 107.

[188] Gong P, Pu R, Biging G, et al. Estimation of forest leaf area index using vegetation indices derived from Hyperion hyperspectral data [J]. IEEE Transactions on Geoscience and Remote Sensing, 2003, 41 (6): 1355 – 1362.

[189] Danson F M, Plummer S E. Red edge response to forest leaf area index [J]. International Journal of Remote Sensing, 1995, 16 (1): 183 – 188.

[190] Datt B. A new reflectance index for remote sensing of chlorophyll content in higher plants: tests using eucalyptus leaves [J]. Journal of Plant Physiology, 1999, 154 (1): 30 – 36.

[191] Gamon J A, Penuelas J, Field C B. A narrow – waveband spectral index that tracks diurnal changes in photosynthetic efficiency [J]. Remote Sensing of Environment, 1992, 41 (1): 35 – 44.

[192] Haboudane D, Miller J R, Tremblay N, et al. Integrated narrow – band vegetation indices for prediction of crop chlorophyll content for application to precision agriculture [J]. Remote Sensing of Environment, 2002 (81): 416 – 426.

［193］ Riedell W E, Blackmer T M. Leaf reflectance spectra of cereal aphid - damaged wheat ［J］. Crop Science, 1999 (39): 1835 - 1840.

［194］ Daughtry C S T, Kim M S, de Colstoun E B, et al. Estimating corn leaf chlorophyll concentration from leaf and canopy reflectance ［J］. Remote Sensing of Environment, 2000 (74): 229 - 239.

［195］ Thenkabail P S, Smith R B, Pauw E D. Hyperspectral vegetation indices and their rela - tionships with agricultural crop characteristics ［J］. Remote Sensing of Environment, 2000 (71): 158 - 182.

［196］ 何晓群. 现代统计分析方法与应用 ［M］. 北京: 中国人民大学出版社, 2007.

［197］ 刘顺忠. 数理统计理论、方法、应用和软件计算 ［M］. 武汉: 华中科技大学出版社, 2005.

［198］ Cheng X, Chen Y R, Tao Y, et al. A novel integrated PCA and FLD method on hyperspectral image feature extraction for cucumber chilling damage inspection ［J］. Transactions of the ASAE, 2004, 47 (4): 1313 - 1320.

［199］ Li Q, Wang M, Gu W. Computer vision based system for apple surface defect detection ［J］. Computers and Electronics in Agriculture, 2002, 36 (2): 215 - 223.

［200］ ElMasry G, Wang N, ElSayed A, et al. Hyperspectral imaging for nondestructive determination of some quality attributes for strawberry ［J］. Journal of Food Engineering, 2007, 81 (1): 98 - 107.

［201］ 沈掌泉, 王珂, Huang X W. 用近红外光谱预测土壤碳含量的研究 ［J］. 红外与毫米波学报, 2010 (29): 32 - 37.

［202］ 王延仓, 顾晓鹤, 朱金山, 等. 利用反射光谱及模拟多光谱数据定量反演北方潮土有机质含量 ［J］. 光谱学与光谱分析, 2014, 34 (1): 201 - 206.

［203］ Killner M H M, Rohwedder J J R, Pasquini C. A PLS regression model using NIR spectroscopy for on - line monitoring of the biodiesel production reaction ［J］. Fuel, 2011 (90): 3268 - 3273.

［204］ Feng J, Wang Z, West L, et al. A PLS model based on dominant factor for coal analysis using laser - induced breakdown spectroscopy ［J］. Analytical and Bioanalytical Chemistry, 2011 (400): 3261 - 3271.

［205］ Salazar L, Kogan F, Roytman L. Using vegetation health indices and partial least squares method for estimation of corn yield ［J］. International Journal of Remote Sensing, 2008, 29 (1): 175 - 189.

［206］ Zhang J C, Pu R L, Wang J H, et al. Detecting powdery mildew of winter wheat using leaf level hyperspectral measurements ［J］. Computers and Electronics in Agriculture, 2012 (85): 13 - 23.

［207］ Yuan L，Zhang J C，Wang K，et al. Analysis of spectral difference between the foreside and backside of leaves in yellow rust disease detection for winter wheat［J］. Precision Agriculture，2013（14）：495 - 511.

［208］ Savitzky A，Golay M J E. Smoothing and differentiation of data by simplified least squares procedures［J］. Analytical Chemistry，1964（36）：1627 - 1639.

［209］ Smith K L，Steven M D，Colls J J. Plant spectral responses to gas leaks and other stresses［J］. International Journal of Remote Sensing，2005（26）：4067 - 4081.

［210］ Jiang J B，Steven M D，Cai Q K，et al. Detecting bean stress response to CO2 leakage with the utilization of leaf and canopy spectral derivative ratio［J］. Greenhouse Gases：Science and Technology，2014，4（4）：468 - 480.

［211］ 孙林，柳钦火，陈良富，等. 环境与减灾小卫星高光谱成像仪陆地气溶胶光学厚度反演［J］. 遥感学报，2006，10（5）：770 - 776.

［212］ 曹斌，谭炳香. 多角度高光谱 CHRIS 数据特点及预处理研究［J］. 安徽农业科学，2010，38（22）：12289 - 12294.

［213］ Mannheim S，Heim B，Segl K，et al. Monitoring of lake water quality using hyperspectral CHRIS/PROBA［C］//Proceedings of the 2nd CHRIS/PROBA workshop，ESA/ESRIN，2004.

［214］ Barducci A，Guzzi D，Marcoionnni P，et al. CHRIS/PROBA performance evaluation：signal to noise ratio，instrument efficiency and data quality form acquisitions over SanRossore test site［C］//Proceedings of the 3rd ESA CHRIS/PROBA workshop，2005.

［215］ 董广香，张继贤，刘正军. CHRIS/PROBA 数据条带噪声去除方法比较［J］. 遥感信息，2006，（6）：36 - 39.

［216］ http：//www. earth. esa. int/proba/HDclean v2. html.

［217］ 沈艳，牛铮，陈方，等. 基于经验线性法的 Hyperion 高光谱图像地表反射率反演研究［J］. 地理与地理信息科学，2007，23（1）：27 - 30.

［218］ Smith G M，Milton E J. The use of t he empirical line methodto calibrate remotely sensed data to reflectance［J］. International Journal of Remote Sensing，1999，20（13）：2653 - 2662.

［219］ 刘建贵，吴长山，张兵，等. PHI 成像光谱图像反射率转换［J］. 遥感学报，1999，3（4）：290 - 294.

［220］ Che N，Price J C. Survey of radiometric calibration results andmethods for visible and near infrared channels of NOAA 7，9 and 11 AVHRR［J］. Remote Sensing of Environment，1992，41（1）：19 - 27.

［221］ 韩晓慧，杜松怀，苏娟，等．基于参数优化的最小二乘支持向量机触电电流检测方法［J］．农业工程学报，2014，30（23）：238-245．

［222］ Carl S. Parameter selection for support vector machines［DB/OL］. 2002.6［2005.9］. http：//www. hpl. hp. com/techreports/2002/ HPL-2002-354R1. html.

［223］ 纪昌明，周婷，向腾飞，等．基于网格搜索和交叉验证的支持向量机在梯级水电系统隐随机调度中的应用［J］．电力自动化设备，2014，34（3）：125-131．

［224］ Horler D N H，Dockray M，Barber J. The red edge of plant leaf reflectance［J］. International Journal of Remote Sensing，1983（4）：273-288．